每时每课 给你新机会

课工场
kgc.cn

互联网 UI 设计师

北京课工场教育科技有限公司　编著

U0387278

用户体验及 Axure 交互设计

——不懂交互的设计师不是好设计师!

中国水利水电出版社
www.waterpub.com.cn

内 容 提 要

本书结合"互联网+"时代的独特性，针对"0基础"的小白人群，采用案例或项目任务驱动的形式，全面系统地介绍了互联网产品的设计开发流程、产品需求分析、竞品分析的方法和技巧、用户体验和交互设计的基本理论与实用技巧、Axure产品原型设计工具和设计技巧，采用理论和上机相结合的方式最终完成项目交互原型设计——运动社交网站交互原型项目设计、运动社交手机App交互原型项目设计。

相对市面上的同类教材，本套教材最大的特色是，提供各种配套的学习资源和支持服务，包括：视频教程、案例素材下载、学习交流社区、作业提交批改系统、QQ群讨论组等，请访问课工场UI/UE学院：kgc.cn/uiue。

图书在版编目（CIP）数据

用户体验及Axure交互设计 ：不懂交互的设计师不是好设计师！ / 北京课工场教育科技有限公司编著. -- 北京 ：中国水利水电出版社，2016.4（2019.9重印）
　（互联网UI设计师）
　ISBN 978-7-5170-4209-9

　Ⅰ．①用… Ⅱ．①北… Ⅲ．①人-机系统－系统设计 Ⅳ．①TP11

中国版本图书馆CIP数据核字(2016)第061535号

策划编辑：祝智敏　　责任编辑：张玉玲　　封面设计：梁 燕

书　　名	互联网UI设计师 用户体验及Axure交互设计——不懂交互的设计师不是好设计师！
作　　者	北京课工场教育科技有限公司　编著
出版发行	中国水利水电出版社 （北京市海淀区玉渊潭南路 1 号 D 座 100038） 网　址：www.waterpub.com.cn E-mail：mchannel@263.net（万水） 　　　　sales@waterpub.com.cn 电　话：（010）68367658（发行部）、82562819（万水）
经　　售	北京科水图书销售中心（零售） 电　话：（010）88383994、63202643、68545874 全国各地新华书店和相关出版物销售网点
排　　版	北京万水电子信息有限公司
印　　刷	雅迪云印（天津）科技有限公司
规　　格	184mm×260mm　16 开本　11.5 印张　255 千字
版　　次	2016 年 4 月第 1 版　2019 年 9 月第 4 次印刷
印　　数	9001—12000 册
定　　价	45.00 元

Android(安卓)中的Toast

App启动页面

LOL页面内区大小

无形产品

Photoshop软件的操作界面

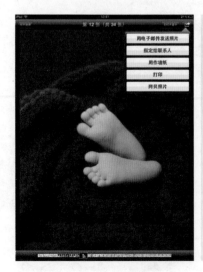

iPad中的分享列表

有形产品

腾讯视频导读

两栏的博客类网站

美图秀秀应用界面

概念车

数码产品的设计图

淘宝某店铺产品介绍

墨水日历

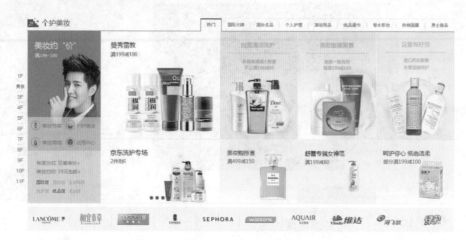

五栏的电商类网站

互联网UI设计师系列
编 委 会

前言

随着移动互联技术的飞速发展，"互联网+"时代已经悄然到来，这自然催生了各行业、企业对UI设计人才的大量需求。与传统美工、设计人员相比，新"互联网+"时代对UI设计师提出了更高的要求，传统美工、设计人员已无法胜任。在这样的大环境下，这套"互联网UI设计师"系列教材应运而生，它旨在帮助读者朋友快速成长为符合"互联网+"时代企业需求的优秀UI设计师。

这套教材是由课工场（kgc.cn）的UI/UE教研团队研发的。课工场是北大青鸟集团下属企业北京课工场教育科技有限公司推出的互联网教育平台，专注于互联网企业各岗位人才的培养。平台汇聚了数百位来自知名培训机构、高校的顶级名师和互联网企业的行业专家，面向大学生以及需要"充电"的在职人员，针对与互联网相关的产品、设计、开发、运维、推广和运营等岗位，提供在线的直播和录播课程，并通过遍及全国的几十家线下服务中心提供现场面授以及多种形式的教学服务，且同步研发出版最新的课程教材。

课工场为培养互联网UI设计人才设立了UI/UE设计学院及线下服务中心，提供各种学习资源和支持，包括：

➢ 现场面授课程

➢ 在线直播课程

➢ 录播视频课程

➢ 案例素材下载

➢ 学习交流社区

➢ 作业提交批改系统

➢ QQ讨论组（技术、就业、生活）

以上所有资源请访问课工场UI/UE学院：kgc.cn/uiue。

■ 本套教材特点

（1）课程高端、实用——拒绝培养传统美工。

➤ 培养符合"互联网+"时代需求的高端UI设计人才，包括移动UI设计师、网页UI设计师、平面UI设计师。

➤ 除UI设计师所必须具备的技能外，本课程还涵盖网络营销推广内容，包括：网络营销基本常识、符合SEO标准的网站设计、Landing Page设计优化、营销型企业网站设计等。

➤ 注重培养产品意识和用户体验意识，包括电商网站设计、店铺设计、用户体验、交互设计等。

➤ 学习W3C相关标准和设计规范，包括HTML5/CSS3、移动端Android/iOS相关设计规范等内容。

（2）真实商业项目驱动——行业知识、专业设计一个也不能少。

➤ 与知名4A公司合作，设计开发项目课程。

➤ 几十个实训项目，涵盖电商、金融、教育、旅游、游戏等行业。

➤ 不仅注重商业项目实训的流程和规范，还传递行业知识和业务需求。

（3）更时尚的二维码学习体验——传统纸质教材学习方式的革命。

➤ 每章提供二维码扫描，可以直接观看相关视频讲解和案例效果。

➤ 课工场UI/UE学院（kgc.cn）开辟教材配套版块，提供素材下载、学习社区等丰富的在线学习资源。

■ 读者对象

（1）初学者：本套教材将帮助你快速进入互联网UI设计行业，从零开始，逐步成长为专业UI设计师。

（2）设计师：本套教材将带你进行全面、系统的互联网UI设计学习，传递最全面、科学的设计理论，提供实用的设计技巧和项目经验，帮助你向互联网方向迅速转型，拓宽设计业务范围。

课工场出品（kgc.cn）

课程设计说明

本课程目标

学员学完本课程后，能够掌握移动端与Web端用户体验和交互设计的基本设计理念，并能按照项目需求熟练应用Axure软件设计制作出产品的交互原型。

训练技能

➢ 了解产品设计的流程及要点。

➢ 了解用户体验和交互设计的基本设计流程及用户体验改进的方法。

➢ 学会产品竞品分析的方法。

➢ 学会如何使用Axure软件设计制作出产品的交互原型。

本课程设计思路

本课程共6章，分为互联网产品设计常识、互联网用户体验设计基本常识、交互设计的基本理论、Axure软件基本操作、互联网产品交互原型项目设计五部分内容，具体安排如下：

➢ 第1章：互联网产品设计常识部分，主要讲解互联网产品设计的流程和互联网产品竞品分析的方法。

➢ 第2章：互联网用户体验设计基本常识部分，主要讲解互联网用户体验的概念、分类，以及用户体验改进的方法。

➢ 第3章：交互设计的基本理论部分，主要讲解交互设计的概念和常见的互联网产品导航、搜索、反馈等设计的思路及方法。

➢ 第4章：Axure软件基本操作部分，主要讲解Axure软件的界面及基本工具的使用技巧。

➢ 第5章和第6章：互联网产品交互原型项目设计部分，主要讲解移动端运动社交类产品的交互原型设计和Web端运动社交类产品的交互原型设计。

教材章节导读

➤ 本章目标：本章学习的目标，可作为检验学习效果的标准。

➤ 本章简介：学习本章内容的原因和对本章内容的简介。

➤ 项目需求：针对本章项目的需求描述。

➤ 相关理论：针对本章项目涉及的相关行业技能的理论分析和讲解。

➤ 实战案例：包含多个上机实战案例，训练学员操作的熟练度和规范度。

➤ 本章总结：针对本章内容或相关设计技巧的概括和总结。

➤ 本章作业：包含选择题、简答题。

教学资源

➤ 学习交流社区

➤ 案例素材下载

➤ 作业讨论区

➤ 相关视频教程

➤ 学习讨论群（搜索QQ群：课工场-UI/UE设计群）

详见课工场UI/UE学院：kgc.cn/uiue（教材版块）。

关于引用作品的版权声明

为了方便学校课堂教学，促进知识传播，使学员学习优秀作品，本教材选用了一些知名网站、公司企业的相关内容，包括：企业Logo、宣传图片、网站设计等。为了尊重这些内容所有者的权利，特在此声明，凡在本教材中涉及的版权、著作权、商标权等权益均属于原作品版权人、著作权人、商品权人。

为了维护原作品相关权益人的权益，现对本教材中选用的主要作品和出处给予说明（排名不分先后）：

序号	选用的网站、作品或Logo	版权归属
1	搜狐网部分图片	北京搜狐互联网信息服务有限公司
2	网易新闻部分图片	广州网易计算机系统有限公司
3	美图秀秀Logo	厦门美图网科技有限公司
4	天猫商城网站部分图片	阿里巴巴集团
5	腾讯QQ、微信Logo及部分图片	腾讯集团
6	新浪网部分图片	北京新浪互联网信息服务有限公司
7	美团网首屏部分图片	北京三快在线科技有限公司

由于篇幅有限，以上列表中可能并未全部列出所选用的作品。在此，衷心感谢所有原作品的相关版权权益人及所属公司对职业教育的大力支持！

2016年3月

目录

第 1 章 ①

互联网产品设计二三事

用户体验分类及UE设计实用技巧

互联网交互设计精髓

第 4 章 **57** Axure互联网应用交互基础

第 5 章 93

移动端运动社交应用项目设计

第 6 章 131

Web端运动社交应用项目设计

互联网产品
设计二三事

● **本章目标**

完成本章内容以后，您将：

▶ 认识互联网产品。

▶ 掌握互联网产品的竞品分析方法。

▶ 掌握互联网产品的用户研究方法。

● **本章素材下载**

▶ 请访问课工场UI/UE学院：kgc.cn/uiue
（教材版块）下载本章需要的案例素材。

▓ 本章简介

每当我们打开电脑或者移动设备，看着一款款精美时尚、高效实用的应用产品的时候，心里不免会感慨：这要是我的作品多好！然而，每个精彩的移动应用背后，都需要完成大量的工作，经历繁琐的步骤，耗费相当多的时间和精力。本章将介绍与互联网产品相关的二三事。

1.1 认识互联网产品

无论是什么产品都有其固有的特点，那么互联网产品的特点到底是什么呢？我们先从产品的概念说起。

1.1.1 什么是产品

所谓产品是指提供给市场，满足用户需求，被使用和消费的任何东西。如图 1-1 所示的眼镜、手表、相机等看得见摸得着的实物通常被称为有形产品，而像电子优惠券、网络广告、策划案、快递等通常被归类为无形产品。在高速发展的互联网时代，像美颜相机、腾讯 QQ、手游我是 MT2 等常被称为互联网产品，如图 1-2 所示。

图 1-1　有形产品

图 1-2　无形产品

1.1.2 互联网产品产生的流程

区别于有形产品，互联网产品是一种无形的且具有自己独特之处的产品，下面来了解一下互联网产品是如何产生的。

如图 1-3 所示，通常一个互联网产品都是由市场部、产品部、设计部、程序部、测试部共同协作完成的。

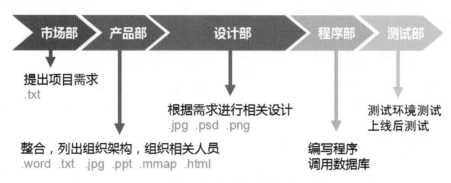

图 1-3　产品的生产流程

市场部主要负责进行市场调研，提出整体的项目需求。产品部的主要职责是了解项目需求，定义产品，比如说产品需要解决的问题是什么、主要功能特点是什么、解决方案是怎样的，这些问题都需要产品部在定义产品的前期阶段先考虑好。产品部还需要对产品机会进行评估，并且设计出产品的原型，制定详细的产品开发计划；产品部还需要在整个产品的研发阶段管理项目的进度，协调各部门进行产品研发，保证产品能够按照指定的时间、指定的要求完成每一个里程碑。

▶▶ **经验总结**

通常来说，产品原型设计由产品部来完成，但是有时候也会根据项目的不同邀请设计部共同协助完成。另外，在产品的整个研发过程中，每个阶段都有相应的里程碑以及各阶段发布的标准，当然为了让产品能够更快地发布，可以先发布一版功能优先级高的版本，然后迭代新版本的时候再更新一些优先级次要一些的功能。

设计部除了完成日常的设计工作外，还有一项比较重要的工作就是要了解客户（即产品所针对的目标用户），以便于帮助设计师在设计时找准设计的方向。

▶▶ **经验总结**

了解客户要先了解他们是男人、女人、老人还是小孩，然后找准这类人群的喜好，比如给小孩设计的 App 就要颜色鲜明、可爱一些。这些对于目标用户的分析一般来说主要来自于产品经理的反馈，因为他们在对当前的产品进行规划的时候已经做了一些调研和定位了。另外也需要设计师自己去进行一些用户调研，了解得更充分，设计出的作品才能更完善。

程序部和测试部的主要工作：程序部负责开发和编写程序，调用数据库把产品制作出来并交付测试部来实现测试环境测试以及上线后测试，以发现产品的 bug 并进行修改和补救。

以上就是一个产品产生的流程，那么在整个流程中参与设计的都有哪些人呢？ PM、UI、ID、UE、GUI 这些都代表什么呢？具体的工作、方向和区别又是什么呢？

PM：Product Manager（产品经理）。

他是对产品负责的人，是对一个产品从出生到终结整个生命周期的所有事项负责的人，是驱动和影响设计、技术、测试、运营、市场等产品相关团队人员，推进产品确保产品行驶在正确道路上的人。产品经理不是单纯意义上的经理，而是对产品负责的人，在当今互联网时代的产品经理有时候是个具体的岗位，有时候是公司的 CEO，如美国苹果公司联合创始人史蒂夫·乔布斯、腾讯公司的马化腾等。其实产品经理的一个重要职责就是最终要保证产品的最大利润。

UI：User Interface（用户界面设计）。

用户界面设计是对应用软件的操作逻辑、人机交互、界面等的整体设计。从 20 世纪 80 年代起，用户界面设计成为了计算机科学的正式学科。在设计理念上，UI 设计不仅仅是让软件变得有个性、有品位，还要让软件的操作变得舒适、简单、自由，充分体现软件的定位和特点。

ID：Interaction Design（交互设计）。

交互设计考虑的是人、环境与设备的关系和行为，以及传达这种行为的元素设计。简单地说，对产品进行交互设计就是为了让产品更易用、有效，让人使用产品时感到舒适。同时，它需要了解用户和他们的期望，了解用户在同产品交互时彼此的行为，以及"人"本身的心理和行为特点。交互设计还涉及人体工程学、心理学、生物学等多个学科，以及与多领域人员的沟通。

UE：User Experence（用户体验设计）。

要求设计师能够全面地分析和体察用户在使用某个系统时的感受。他的工作从开发的最早期开始，并贯穿始终。目的是保证用户对产品的体验有正确的预估，了解用户的真实期望和目的，并对功能核心设计进行修正，保证功能核心同人机界面之间的协调工作。

GUI：Graphical User Interface（图形用户界面设计）。

指针对采用图形方式显示的操作环境用户接口进行设计，其实就是界面美工，只关心界面的美观和有关视觉方面的设计工作。

从上面各项工作的概念看，UI 涵盖得比较广，包含了软硬件设计，也囊括了其他各项设计的部门内涵。而 GUI 设计比 UI 设计稍窄。目前，国内大部分 UI 设计师其实做的是 GUI，他们大多数出自美术院校。简单地说，ID 设计仅是指人和电脑之间的互动过程，目前一般是软件工程师在做。而 UE 设计从简单理解上关注的是用户的行为习惯和心理感受，就是思考人会怎样使用软件或者硬件才会觉得得心应手。但是，有关这些岗位人群的划分还在不断地更新和变化，越来越多的美术院校毕业生也加入到了 ID 和 UE 行业中。

 ### 1.1.3　应该设计什么样的产品

我们设计产品应该秉承这样的原则，就是尽量节省用户的时间，让用户通过产品达到自己"简单"的目的。随着 UE 的设计思想开始被广泛应用，这不仅仅是指导设计师的准则，同时也给用户点亮了明灯，用户开始懂得如何来评估一个产品的优劣，那么如何来区分产品的优劣呢？

1. 合格的产品

在标准数值内通过检验的产品，主要集中于质量、硬件条件等硬性指标，缺乏对用户需求、情感的评估，仅仅是可以使用的产品。

2. 优秀的产品

在具体的数值范围外还提供了让用户惊喜的部分，比如售后服务、网络导购等服务手段，或者是营销环节中的礼品赠送等，体现了一定的人文素质。

3. 卓越的产品

一个卓越的产品有以下特征：让用户觉得满意、让用户愉快、让用户认为有趣、让用户认为有用、对用户来说富有启发性、大多数用户认为它富有美感、使用它可以激发用户的创造性、让用户通过它拥有成就感、让用户得到情感上的满足。

1.2　互联网产品的竞品分析方法

进行竞品分析的目的用一句话来直观地描述就是：知己知彼，百战不殆。菜市场卖菜的大叔也要暗自观察其他菜摊的菠菜成色怎样、价格几何，好调整自己的价格和货源。我们作为卖菜大叔的用户也是货比三家才会付钱，你家菜不错，他家是不是更好呢？这是竞争带来的必然。

对产品进行竞品分析，就要明确竞争对手有哪些、他们的主要功能有哪些、哪些功能只有少数竞争对手有、竞争对手的产品内容有哪些、哪些内容是少数产品有的、少数内容对用户的价值有哪些、竞争对手的商业模式是什么等，下面我们运用 3W1H 法则来了解一下互联网产品的竞品分析。

1.2.1　Why为什么要进行竞品分析

进行竞品分析有两个目的：第一个最重要的目的是为了对比，对方更好我学习，对方不好我规避，卖菜的老农和买菜的我们都是在对比；第二个目的是验证与测试，这个目的在逻辑上也可以归到第一类，但是这里拿出来是想强调竞品分析在项目前期的重要性，通过竞品确定市场机会点，验证之前的方向是十分必要的，在后期可用性测试的对比测试也最能得到所需。

其实整个竞品的分析过程就是找差异性和独特点，从而更明确地定位你的产品，并且把你的产品的独特点传递给用户，同时为营销的独特模式做准备。

 ## 1.2.2　What 什么是竞品分析

在研究什么是竞品分析之前需要先了解竞品是什么，竞品可以说是竞争产品，竞品主要分为四种：解决同样需求的同样产品、解决同样需求的不同产品、解决不同需求的同类产品和不同层次需求的不同产品。我们平时进行设计多是从需求出发，所以前两者做得更多。

竞品分析从本质上说是人类学的"比较研究法"，先找出同类现象或事物，再按照比较的目的将同类现象或事物编组做表，之后根据比较结果进一步分析。也就是说竞品分析是研究用户行为的定性研究方法。

 ## 1.2.3　Who&When谁&什么时候来进行竞品分析

竞品分析在什么阶段会有涉及呢？有的参考书上会说有两个阶段：确定选题阶段和验证与测试阶段要用，这不无道理，但是我个人的见解是：方法是灵活的、不分阶段的，重要的是这个阶段你的目的是什么、遇到了哪些问题、这些问题使用什么方法能更高效地解决。

所以，竞品分析是可以用在设计的每个阶段的，如图 1-4 所示。

阶段	主要分析人	使用目的	关注点
确定选题	产品经理	确定方向，了解市场	相应领域市场的发展状况、竞品的商业模式、产品定位、盈利状况
用户需求调研与功能点转化	用户调研员产品经理	参考竞品的目标人群及需求的重要度	竞品的目标人群、满足了什么需求、用户的满意度如何、竞品的分类方式与维度的"倒推"
产品定位	产品经理	寻求差异点	竞品的主要功能、架构、特色功能、发展模式、优缺点总结
低保真页面绘制	交互设计师	优化流程，打造更好的体验	竞品的架构、主要任务流程的顺畅、页面的框架、交互动作、逻辑的准确、页面语言风格
高保真页面绘制	视觉设计师	在维持用户对这类产品的传统认知的基础上打造产品的独特性	竞品的语言风格、色彩、颜色层级、页面细节
验证与测试	用户调研员交互设计师	验证产品，优化体验	使用任务和用户反馈，竞品和自己产品的对比测试结果

图 1-4　竞品分析可以用在设计的每个阶段

1.2.4　How如何选择竞品

如何选择竞品？我们可以用上、下、发、活这4个步骤。

上：上是查找学习的过程，可以上知乎、上虎嗅、上人人，输关键字筛选文章，这样的方式可以看到点评、行业的最新报道、国外竞品、作者的初步分析等。

下：下是使用、研究的过程，可以到 App Store、应用宝、豌豆荚、360 手机助手上把所有相关的应用都下载下来。

发：发是进行一些访谈，可以到朋友圈、微博、博客、网站发，朋友的力量是巨大的，一度二度三度人脉都可能给你提供他正在使用的竞品，同时还能就势访谈。

活：活是灵活，在资源有限、时间有限的情况下灵活使用，找竞品和使用方法原理。

 1.2.5　案例分享：资讯类App竞品分析

1. 应用环境

iPhone 6 Plus MGA92CH/A iOS 9.1（13B143）

2. App 版本

腾讯新闻：4.8.2
今日头条：4.9.6
搜狐新闻：5.3.0
网易新闻：5.4.2

▶▶经验总结

> 　　由于设备、运行平台以及 App 版本的不同，某些功能和界面会有所差异，因此在进行竞品分析时要明确所分析的设备、运行平台以及 App 版本，以免给其他人造成误导。

3. 需求分析

移动新闻客户端是由传统门户、传统纸媒等演变而来的，带有传统门户用户获取最新资讯、了解信息的基本需求。随着时代发展用户除了了解最新资讯的需求外，在移动端还衍生出了娱乐、社交、分享、个性化等需求。同样用户使用的场景也发生了变化，他们更多的是在路上、公交车和地铁上，在晚上睡觉前、早上睡醒后、吃饭时、上班休息过程中、上洗手间等碎片化时间使用，这也衍生出了用户离线阅读等需求。如何在短时间内满足用户以上这些需求则成为新闻类应用需要考虑的问题。

4. 市场状况

易观智库发布了 2014 年 12 月的移动 App TOP200 排行榜，腾讯新闻、搜狐新闻、今日头条均在 TOP20 中，而 TOP20 中也第一次出现了三个新闻类应用，可见这一市场的庞大以及应用的发展和趋势。

据不完全统计，2013 年至 2015 年这三年间，腾讯新闻下载量大幅提升，几乎与搜狐新闻不相上下甚至赶超，而今日头条这种聚合类新闻客户端的下载份额也在逐渐上升，但门户网站依靠大公司背景仍然占领了大部分市场。

5. 产品概况

产品定位及优势对比如图 1-5 所示。

产品	注册登录方式	产品定位	产品优势
腾讯新闻	QQ、微信、腾讯微博快速登录，邮箱注册登录	快速、客观、公正	强调新闻秒传，30秒实时推送重大新闻
今日头条	QQ、微信、腾讯微博、新浪微博、人人账号快速登录，手机注册登录	基于数据挖掘的个性化信息推荐引擎	通过行为分析推荐引擎技术实现个性化、精准化
搜狐新闻	QQ、微信、新浪微博、搜狐账号快速登录，手机注册登录	资讯全媒体的开放平台	移动新闻客户端，市场份额第一，全媒体资讯平台；开放的订阅模式，海量的媒体独家内容
网易新闻	QQ、微信、新浪微博快速登录，手机、邮箱注册登录	"有态度"的新闻资讯客户端	"跟帖"功能是突出特色，"无跟帖，不新闻"，注重原创栏目

图 1-5　产品定位及优势对比

6. 产品结构对比

腾讯新闻（如图 1-6 所示）结构简洁明了，操作简单，隐藏层次较少，易使用。

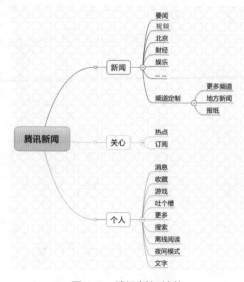

图 1-6　腾讯新闻结构

今日头条（如图 1-9 所示）的结构相当简单，只有两层，使用起来非常方便，并且各功能栏划分有序，具有较高的易学性。

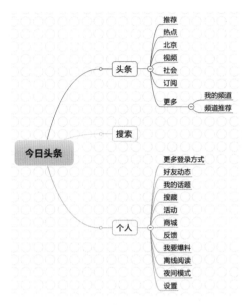

图 1-7　今日头条结构

搜狐新闻（如图 1-8 所示）结构上稍显复杂，层次较多，有些功能隐藏较深，可能让用户一时间难以找到。

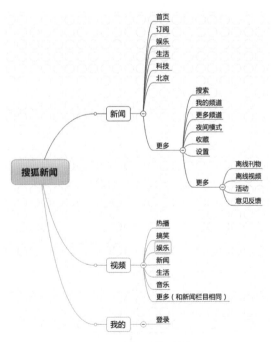

图 1-8　搜狐新闻结构

网易新闻（如图 1-9 所示）虽然功能较多，但划分较清晰，易于用户使用。

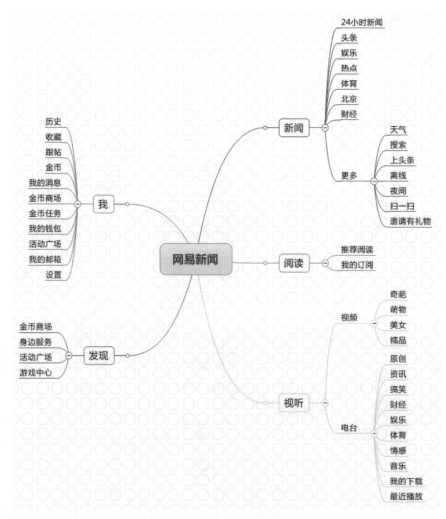

图 1-9 网易新闻结构

7. 界面及功能对比

在腾讯新闻主页面中通过左右滑动屏幕可以轻松地在热点和订阅间切换（如图 1-10 所示），点击左上角的头像可以进入个人主页（如图 1-11 所示），使用上灵活方便，符合用户的一般习惯。对于新用户而言，不需要复杂的学习过程即可上手使用，整体体验比较流畅。打开某条新闻，右上角可进行分享（如图 1-12 所示），其中"创意截屏"功能自动截屏后可对图片进行自定义设计，是一种较新颖的分享方式。

今日头条的界面看起来非常简洁，功能分类很清晰，同样也是左右滑动屏幕即可切换频道，如图 1-13 所示。搜索中凸显了个性化引擎技术，如图 1-14 所示。点击头像会跳转到个人主页，包括订阅、关注、粉丝和设置（账号管理）四大信息点，如图 1-15 所示。在"好友动态"中点击"添加好友"可以同步通讯录添加好友，如图 1-16 所示，这点是其他几大新闻客户端都不具备的功能，通过和好友互动来增强用户粘性。

图 1-10　腾讯新闻主页面　　　　　　图 1-11　腾讯新闻个人中心

图 1-12　腾讯新闻的内容分享

图 1-13 今日头条界面　　　　　　　　　图 1-14 今日头条搜索

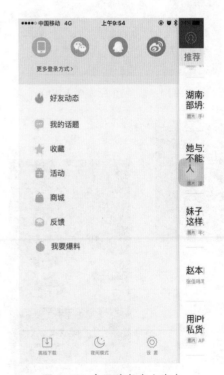

图 1-15 今日头条个人中心　　　　　　图 1-16 今日头条的"好友动态"

　　搜狐新闻的界面如图 1-17 所示,同样可以通过左右滑动屏幕切换频道,而且每条新闻的下方都有功能栏,还可以对当前新闻进行评论、收藏和分享,如图 1-18 所示。收藏成功后会在屏幕上方(频道栏的下方)显示收藏成功,如图 1-19 所示。

图 1-17　搜狐新闻主界面

图 1-18　搜狐新闻的功能栏

视频栏界面设计得相对简单（如图 1-20 所示），点击想观看的视频便可以直接播放。在"我的"一栏中有三个功能按钮（如图 1-21 所示），点击头像后会出现用户的当前信息（如图 1-22 所示），页面设计模仿了新浪微博主页的形式（关注、粉丝），相对较简单，实用性不高。

图 1-19　新闻收藏成功提示

图 1-20　搜狐新闻的视频栏

图 1-21 搜狐新闻"我的"栏中的功能按钮

如图 1-23 所示的"更多"内容排版整齐，但功能分类上稍显凌乱，不容易发现，新用户较难接受。"夜间""收藏""设置"等功能识别度不高，不容易查找。

图 1-22 搜狐新闻的"我" 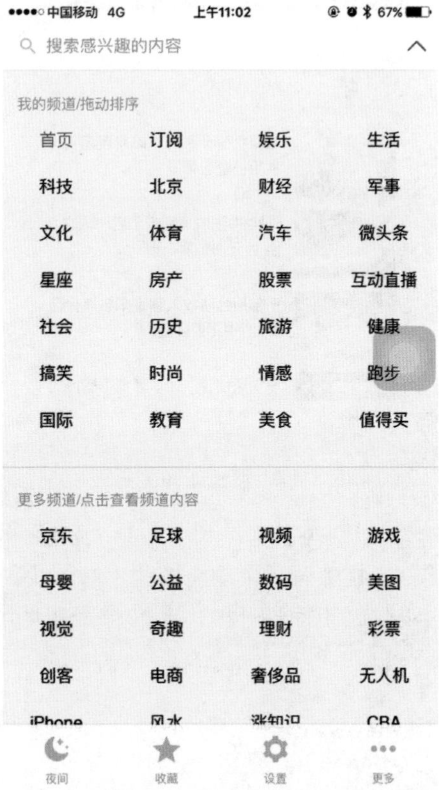   图 1-23 搜狐新闻的"更多"

网易新闻还是采用网易系列惯用的大红色，突出且醒目，如图 1-24 所示。首页架构和大多数新闻客户端产品一样，都是选项卡导航。但和前面几款产品有所不同的是，左右滑动屏幕并不能切换频道，而是切换图片，内容可能是新闻、广告，还有一些推广内容，频道的切换必须点击上方的频道按钮。

点击左上角的 24 图标显示的是 24 小时内的要闻，这点可能和一般用户的使用习惯稍有偏差（一般左上角都是个人中心，如腾讯新闻、腾讯 QQ 等）；点击右上角的更多，会出现如图 1-25 所示的下拉列表，排版非常清晰。

最后是"我"，这是用户在客户端的活跃情况，包括阅读的新闻数、收藏数、跟帖数、已经完成的任务等。值得一提的是，网易新闻会在一些小细节上突出自己的 slogan——"有态度"，比如"金币任务"的标语是"做任务　赚金币　兑换有态度礼品"（如图 1-26 所示），还有"有态度俱乐部"（如图 1-27 所示）等，这些细节处理是亮点。

图 1-24　网易新闻主界面

图 1-25　网易新闻的"更多"

图 1-26　网易新闻的"金币任务"

图 1-27　网易新闻的"有态度俱乐部"

1.3　互联网产品的用户研究方法

做产品时，我们经常凭借自己的经验来判断用户的需求。而对于产品经理或者交互设计师来说，设计一款产品应该踏踏实实地对目标用户进行适当的了解和研究。我们常说艺术源于生活且高于生活，产品设计也一样，很多时候都是从生活中，从用户身上获得创意和灵感。那么如何有针对性地对用户进行分析和研究呢？我们将从常用的用户研究方法开始逐一了解。

1.3.1　问卷法

问卷法是大家非常熟悉且使用最多的方法之一。它是以书面形式向特定人群提出问题，并要求被访者以书面或口头形式回答来进行资料搜集的一种方法。问卷可以同时在较大范围内让众多被访者填写，因此能在较短的时间内搜集到大量的数据。与传统调查方式相比，网络调查（包括 PC、移动等终端，如图 1-28 所示）在组织实施、信息采集、信息处理、调查效果等方面具有明显的优势。

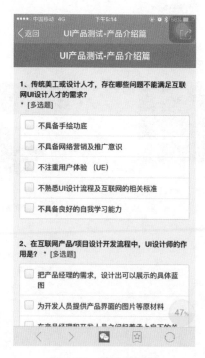

图 1-28　移动端问卷

设计问卷，要明确问卷的目标及适用范围。在研究开始时需要明确目标，确定哪些是问卷可以解决的问题，比如研究用户对打车软件的使用习惯时，应该把什么样的用户列入调查范围、打车软件的范围包含哪些、仅限于出租车还是可顺便载客的家用车、普通轿车还是高级轿车、涉及过去的使用经历还是现在的使用状况、是否受政策或者特殊福利的影响等。问卷设计阶段要考虑问卷结构、问题设置的一般原则、问卷长度的控制等。问卷调查的流程如图 1-29 所示。

图 1-29　问卷调查的流程

 ### 1.3.2　用户访谈法

　　用户访谈法可以与用户有长时间、深入的交流，通过面对面的沟通、电话等方式可以与用户直接进行交流。访谈法操作方便，可以深入地探查被访者的内心与看法，容易达到理想的效果，因此也是较为常见的用户研究方法。

▶▶ **经验总结**

　　在进行用户访谈时需要注意以下原则：①不要使用诱导性的问题，如"您认为这样不错吗？"，那会对访谈对象造成强烈的心理暗示；②要使用开放式的问题，如"能告诉我们现在您在做什么吗？"，而不是"为什么您会这么做？"；③访谈过程中请不要打断被访用户；④不要试图帮助被访用户；⑤不要使用专业词汇，如"这个 LCD 的亮度你认为合适吗？"；⑥请记住：你是徒弟，被访用户是师傅；⑦学会如何来解释 / 了解被访用户的想法；⑧访谈过程中可能会与你准备的问题纲要有偏差，要懂得随机应变地处理。

 ### 1.3.3　焦点小组法

　　焦点小组法是用户研究项目中常见的研究方法之一，小组是由一个经过训练的主持人以一种无结构的、自然的形式与一个小组的被调查者交谈，主持人负责组织讨论。小组座谈的主要目的是通过倾听一组从所要研究的目标市场中选择的被调查者，从而获得对一些有关问题的深入了解。

　　焦点小组讨论的参与者是产品的典型用户。在进行活动时，可以按事先定好的步骤讨论，也可以撇开步骤自由讨论，但前提是要有一个讨论主题。焦点讨论小组最主要的益处是，相对于单个访问同等数量的被访者来说，焦点小组讨论能更节省费用和时间、整体的小组讨论更能发现一些在个体访问中也许会忽略的问题。

　　焦点小组讨论的负责人将会总结整个小组的意见和印象，并统一提出需要改进的地方。

经验总结

> 用焦点小组讨论来评价系统是一个非常有效的办法，它可以非常有效地获取用户对于产品设计第一时间的反馈和反应，也非常有利于及时寻找出被测试的系统与用户期望值间存在的差异。

1.3.4 情景设定法

情景设定法可以让人们印象更加深刻，甚至有感同身受的感觉，并且从中获得更准确的信息，了解事情的经过。一个成功的情景设定必须包含两个方面：角色和剧情。

情景设定最早出现在第二次世界大战之后不久，当时是一种军事规划方法。美国空军试图想象出他们的竞争对手可能会采取哪些措施，然后准备相应的战略。在互联网时代，常使用这样的情景设定法为交互设计服务。在设定一个具体的情景后，我们可以非常清晰地描述我们的产品针对的用户，我们是在为他们设计出符合他们需求的产品，而不再会造成"万金油"的商业应用。

经验总结

> 下面是一个 PDA 和电话合成设备与服务的首要人物角色的情境场景剧本的第一次迭代的例子。人物角色 Vivien Strong 是印第安纳波利斯市的一个房地产代理商，她的目标是平衡工作和家庭生活，紧紧抓住每一个交易机会并且让每一个客户都感觉自己是 Vivien 的唯一客户。Vivien 的情境场景剧本如下：
>
> （1）在早晨做好准备，Vivien 使用电话来收发电子邮件。它的屏幕足够大，并且网络连接速度很快。因为早上她同时要急匆匆地为女儿 Alice 准备带到学校的三明治，这样手机比计算机更方便。
>
> （2）Vivien 收到一封 E-mail，来自最新客户 Frank，他想在下午去看房子。Vivien 在几天前已经输入了他的联系信息，所以她现在只需要在屏幕上执行一个简单的操作就可以拨打他的电话。
>
> （3）在与 Frank 打电话的过程中 Vivien 切换到免提状态，这样她能够在谈话的同时看到屏幕。她查看自己的约会记录，看看哪个时段自己还没有安排。当她创建一个新的约会时，电话自动记录下这是与 Frank 的约会，因为它知道她是在与谁交流。谈话结束后，她快速地输入准备看的那处房地产的地址。
>
> （4）将 Alice 送到学校之后，Vivien 前往房地产办公室收集另一个会面所需的信息。她的电话已经更新了其 Outlook 约会时间，所以办公室里的其他人知道她下午在哪里。
>
> （5）一天过得很快，当她前往即将查看的那处房地产并准备和 Frank 见面时，已经有点晚了，电话告诉她约会将在 15 分钟之后。当她打开电话时，电话不但显示了约会记录，而且将与 Frank 相关的所有文件，包括电子邮件、备忘录、电话留言、与 Frank 有关的电话日志，甚至包括 Vivien 作为电子邮件的附件发送的房地产的微缩图像。Vivien 按下呼出键，电话自动连接到 Frank，因为它知道 Vivien 立即就要和 Frank 见面，她告诉 Frank 她将在 20 分钟之内到达。
>
> （6）Vivien 知道那处房地产的大致位置，但不是很确切。她停在路边，在电话中打开存在约会记录中的地址，电话直接下载了从她当前地点到目的地的微缩地理图像。
>
> （7）Vivien 按时到达了访谈处，并且开始向 Frank 介绍这处房地产。她听到从手包中传出了电话铃声，通常她在约会时会自动将电话转接到语音信箱，但 Alice 可以输入密码跨越这一过程。电话知道是 Alice 在打电话，并使用了特别的响铃声。
>
> （8）Vivien 拿起了电话——Alice 错过了公交，需要她接。Vivien 给她的丈夫打电话看他能否代劳，可是访问的却是其语音信箱，他肯定是不在服务区内。她给自己的丈夫留言，告诉他自己和客户在一起，看他能否去接 Alice。5 分钟后，电话发出了一个简短的铃音。从音调中，Vivien 可以判断出这个短信是她丈夫发给她的。她看到了丈夫发出的短消息："我会去接 Alice，好运！"

本 章 总 结

互联网产品的设计从项目需求到竞品分析都需要秉承"用户为中心"的思维方式。只有在设计互联网产品的时候从根本上去分析用户的需求、做好完善的竞品分析和用户分析、深度挖掘其要达到的核心目的，才能设计出具有良好用户体验的卓越产品。

参考视频
我的产品我做主：和 UE、
PM 一起的小伙伴们

参考视频
竞品调研分析：社交产品案例

学习笔记

本 章 作 业

选择题

1. （　　）负责整合、列出组织架构，组织相关人员并协调各部门进行产品研发，保证产品能够按照指定的时间、指定的要求完成每一个里程碑。
   A. 市场部　　　　　　　　　　　B. 设计部
   C. 产品部　　　　　　　　　　　D. 程序部

2. 互联网产品用户研究方法中，以书面形式向特定人群提出问题，并要求被访者以书面或口头形式回答来进行资料搜集的是（　　）。
   A. 用户访谈法　　　　　　　　　B. 问卷法
   C. 焦点小组法　　　　　　　　　D. 情景设定法

3. 设计部除了根据需求完成相关的设计工作外，还有一项比较重要的工作是（　　）。
   A. 提出项目的整体需求　　　　　B. 了解产品所针对的目标客户
   C. 对产品机会进行评估　　　　　D. 了解项目需求、定义产品

4. （　　）是对应用软件的操作逻辑、人机交互、界面的整体设计。
   A. 用户界面设计　　　　　　　　B. 交互设计
   C. 用户体验设计　　　　　　　　D. 图形用户界面设计

5. 竞品分析可以用在设计的每一个阶段，在产品定位阶段使用竞品分析的目的是（　　）。
   A. 确定方向、了解市场　　　　　B. 参考竞品的目标人群
   C. 验证产品、优化体验　　　　　D. 寻求差异点

简答题

1. 为什么要做竞品分析?
2. 互联网产品用户研究方法有哪些?

▶▶ 作业讨论区

访问课工场 UI/UE 学院：kgc.cn/uiue（教材版块），欢迎在这里提交作业或提出问题，你将有机会跟课工场的专家以及共同学习本书的小伙伴一起探讨切磋!

第 **2** 章

用户体验分类及
UE设计实用技巧

● **本章目标**

完成本章内容以后，您将：

▶ 了解用户体验。

▶ 掌握用户体验设计技巧。

▶ 掌握用户体验改进方法。

● **本章素材下载**

▶ 请访问课工场UI/UE学院：kgc.cn/uiue
（教材版块）下载本章需要的案例素材。

⛏ 本章简介

对于传统的设计师来说，用户体验设计是一个全新的领域。现在我们就通过用户体验的工作流程来了解一下用户体验这门学科所涉及的知识和设计经验。

2.1 用户体验概述

不知道大家是否了解用例故事，下面就给大家讲一个手机导航应用的用例故事，以帮助大家理解什么是用户体验。

小 A 是个私家车主，由于工作原因，他要经常开车出差，他觉得车载导航信息更新慢而且操作较复杂，所以近期开始使用手机导航，今天他一如既往地要出差，早上 8 点出发，需要先去接上两个同事，这时他先打开手机导航，定位到同事家，并且微信通知他们让他们做好准备，并且定好了相约的地点。小 A 到的时候,他的两个同事已经在小区门口等他了，三人会合后小 A 重新定位到目的地，导航显示约 1.5 小时抵达目的地，且路况良好。经过 1.5 小时的行程，一行 3 人顺利抵达。

通过对这个用例故事进行分析，发现它涵盖了五部分内容：目标用户、使用环境、使用工具 、完成任务、感官体验。

目标用户：小 A，身份是私家车主。工作的主要内容是出差，在公司中是中层管理者，年薪 50 万元，年龄 30 岁。

使用环境：车内、汽车行驶过程中。开车时，如果旁边有人就会与其聊聊天；如果没人可以听听音乐、电台或者手机里的有声小说；接电话（工作上的或者亲友问安的）；遇恶劣天气要提前出发，还需要关注天气情况。

使用工具：手机。车里一般不会放置手机架，通常都是放置在驾驶台前，因为视力不太好，所以手机上的小字看不清，手机还经常没电。

完成任务：导航规划线路，最终抵达目的地。规划线路需要对时间、地点、突发状况等信息提前考虑，在路上的时候要持续关注路线、违章、车速、油量以及目的地情况等信息。

感官体验：方便，精确导航。最终要的是确保信息的准确性，贴心为用户考虑更多人性化的功能。

▶▶ 经验总结

> 我们经常说，在设计用户体验时要更深入，那么我们就需要换位思考，站在用户的角度去考虑问题，要有强大的想象力，去扮演用户，想象产品在怎样的环境中，发生了怎样的行为等。

通过上面的用例故事我们可以用一句话来对用户需求进行描述："用户使用手机导航"；用一句话描述目标用户群如何使用产品："私家车主，开长途的时候使用手机进行线路导航，觉得非常精确方便"；再用一句话来描述用户体验："XX 用户，在 XX 环境中，使用 XX 工具完成 XX 任务，产生的感官体验"，通俗地说就是用户在使用产品过程中的主观感受。

ISO 9241-210 标准将用户体验定义为"人们对于针对使用或期望使用的产品、系统或者服务的认知印象和回应"。通俗来讲就是"这个东西好不好用，用起来方不方便"。

用户体验的定义中提到了 3 个关键词：用户、过程中和主观感受。这 3 个关键词构成了用户体验的灵魂。

1. 用户

很多人都认为我们应该将产品做得尽量的"简单"，最好是用户不需要学习就能"自然地"使用。这个原则可能对于大部分面向大众的产品来说是对的，但是在另外一些情况下就不一定了。比如说美图秀秀和 Photoshop 都可以处理图片，但是它们的用户体验哪个好哪个不好呢？这事儿还真不能简单地下结论。

美图秀秀（如图 2-1 所示）的目标用户是一些爱自拍、爱修图的人们。他们的一个典型用户场景是用手机自拍，希望把自己变得更"美"一些，然后发到朋友圈上面去。大部分人估计并没有学过设计或者美术，可能也不太懂摄影，但是美图秀秀可以让他们只通过简单的点按、选择就能把自己的照片变美。不需要过多的思考，不需要专业知识，所以在这个场景中美图秀秀的"用户体验"是极好的。

但 Photoshop（如图 2-2 所示）的目标用户是专业的设计师。对于专业的设计师来说，他用 Photoshop 工作，这时"能够最大限度地帮助设计师表达他们的创意"才是好的用户体验。为了做到这一点，专业的设计师并不介意去深入地学习这个软件的使用方法。从易用性来看，Photoshop 显然不够易用，但对于专业设计师来说，它的体验太棒了。

图 2-1　美图秀秀应用界面

图 2-2　Photoshop 软件的操作界面

再看一个例子：在现代的电子产品中，图形界面已经应用得非常广泛了。我们一般认为，图形界面更加生动、易用、易学。从这个角度看，图形界面的用户体验是好的。但是如果你去问一个专业的运维工程师,问他们配置服务器的时候用图形界面还是命令行,他们基本上都会选命令行。相比于图形界面,命令行的易用性太差了,不学习根本不会用。但是对于运维工程师来说,命令行更加简洁、精确和高效。他们使用命令行可以提升工作效率,可以更快更好地完成工作。

2. 过程中

"过程中"告诉我们,在设计用户体验的时候需要考虑用户所处的环境和使用场景,如图 2-3 所示。使用电脑时的环境大部分是相对稳定的环境,例如办公室、家里、咖啡馆等。但是使用手机的环境就不一定了,有可能在地铁车厢中、电梯中、旅行的路上,这就意味着使用手机的时候可能会伴随晃动、光线变化、网络不稳定等因素。所以在做具体设计的时候这两边会有一些区别。

图 2-3　在不同的环境和用户场景下需要不同的功能来支撑

例如,在很多阅读类的应用中都会提供"夜间模式"功能。如果你睡觉前,躺在被窝里,关了周围的灯,那平时常见的黑底白字的屏幕(如图 2-4 所示)可能会变得很刺眼,这时将背景换成深色,调低文字与背景的对比度(如图 2-5 所示),则在黑暗中能够帮助你更好地阅读。所以这时"看不清"文字的用户体验反而是好的。

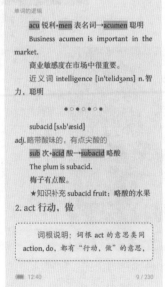

图 2-4　某阅读 App 正常模式　　　　　图 2-5　某阅读 App 夜间模式

3. 主观感受

"主观感受"提示我们不要浮于表面。一个优秀的产品经理或者设计师，一定会倾听用户的反馈，但绝不会被用户牵着走。他们需要去挖掘用户主观感受背后真正的需求。

亨利·福特是福特汽车公司的建立者，也是世界上第一位使用流水线大批量生产汽车的人，被誉为"汽车大王"。他曾经说过："在马车时代，如果你问消费者他们需要什么，他们会说需要一匹跑得更快的马车！"如果福特听信了用户所说的，并朝着这个跑得更快的马车的方向而努力，那么"汽车大王"也就不会出现了。

那么，是否就应该对用户所说的不予理睬呢？答案也是否定的。我们只要对这句话稍作分析就能看出，福特的客户其实已经清晰地表达出了他们的需求，只不过并不是"马车"，而是"更快"。而汽车最终超越了它的竞品——马，其中一个重要的因素也的确是"快"。所以在速度这一点上面，汽车的用户体验是好的。但是否就能说明马的用户体验不好呢？当然不是，如果到了没有公路、崎岖不平的地方，即便还是比速度，十有八九还是马更强一些。

▶▶ 经验总结

其实，需求只是一个结果，目的才是原因。比如用户说："我讨厌弹窗。"那就要分析他说的这句话是什么意思。可能用户讨厌的是"我玩游戏的时候出来打断我的那个弹窗"。又或者说用户告诉你："我讨厌广告，因为它像流氓，既不是我想要的，又时不时地出现在我的面前，而且还凶神恶煞，甚至有时候下流、暴露……"其实不难发现，对于弹窗和广告而言，用户讨厌的是那些没用的、打断我的。如果它们有用，而且不影响用户的话，用户也是会欣然接受的。也就是说比起用户的需求，更重要的是了解这个用户需求产生的原因。

2.2　用户体验设计技巧

用户体验设计主要是针对用户心灵、眼睛、耳朵、触感等的设计，如果想设计好的用户体验，要从感官体验、交互体验、浏览体验、情感体验、信任体验 5 个方面着手。

◤ 2.2.1　感官体验

感官体验是呈献给用户视听上的体验，强调舒适性，一般包括但不限于设计风格、企业 Logo、加载速度、界面布局、界面色彩、动画效果、界面导航、图标使用、广告位、背景音乐等。

如图 2-6 所示的墨水日历，设计者让墨水溢出的速度与时间保持一致，墨水在日历中印染，从一个月的开始到结束，带给人们很单纯的感官体验。

图 2-6　墨水日历

感官体验在我们上网浏览网页时有很明显的体现。我们打开一个网页最先看到的是首屏,而在处理网页中的页面响应速度时,正常情况下要尽量保证页面在 5 秒内打开,因此在网页中首屏变得极为重要。以腾讯网为例,由于腾讯网是一个资讯量非常大的门户网站,难免有大量的信息要展现给用户,势必会影响到网页的加载速度,然而在处理网页加载速度上腾讯网做了极其良好的优化。网页打开时,先打开的是用户最为关心的内容(导航条、新闻内容等),而广告等内容则最后打开,如图 2-7 所示。这样的设计会减少用户等待时的焦虑,因为他们最为关心的内容都逐一展现出来了。这增强了用户的友好度,提升了用户体验。

图 2-7　腾讯首页

再者手机 App 在处理响应速度的时候启用了一个叫做启动页的页面(如图 2-8 所示),因为应用程序本身是由很多代码和数据组成的,启动应用程序的过程实际上是数据读取的过程,而这一过程需要一定量的时间,让用户等待数据读取不如给他们展示一些可看的东西,如企业的品牌展示、节日或庆典主题的宣传、用户指南,这减少了用户等待的时间,还可以宣传自己的产品,一举两得。

图 2-8　App 启动页

▶▶ 经验总结

可以从日常生活中尝试使用更多的应用、浏览不同的网站，以慢慢体会感官体验的设计技巧。

2.2.2　交互体验

交互体验是呈献给用户操作上的体验，强调易用，一般包括但不限于会员申请、会员
注册、表单填写、按钮设置、点击提示、错误提示、在线
问答、意见反馈、在线调查、页面刷新、资料安全等。

随着时代发展，大屏手机随处可见，造型千奇百怪的
小屏手机叱咤风云的时代已经一去不复返了。那么如何设
计大屏手机的交互成为了困扰设计师的一个大问题。

如图 2-9 所示为单手持握手机的热区图，上部是拇指操
作的舒适区，中部是拇指用力伸展可触及的区域，下部则
是拇指无法触及的区域，也就是说用户单手可触控的范围
是有限的。那么在设计应用功能的时候就要兼顾持握的舒
适度，使它们在用户最舒适的操作区域。

从设备优化上，三星手机推出了手写笔来帮助更好地
操作，然而并没有什么人使用。iPhone 6 Plus 手机轻触两
下 home 键，屏幕顶部会下拉至舒适区，如图 2-9 所示。

图 2-9　iPhone 6 Plus 设备优化

▶▶ 经验总结

在设计手机应用的时候，可以将重要的交互点放置在屏幕的底部，并根据内容的重要性依次从
下往上排。

2.2.3　浏览体验

　　浏览体验是呈献给用户浏览上的体验,强调吸引性,一般包括但不限于栏目的命名、栏目的层级、内容的分类、内容的丰富性、信息的更新频率、精彩内容的推荐、收藏夹的设置、栏目的订阅、信息的搜索、文字排列、页面背景颜色等。

　　例如给文章等设立导读是一个非常好的浏览体验,可以让用户在第一时间了解到所需要的信息。同样,如图 2-10 所示,腾讯视频应用在电影名称下面设计当前电影的导读,给用户很大的提示和帮助。

图 2-10　腾讯视频导读

 2.2.4　情感体验

　　情感体验是呈献给用户心理上的体验,强调友好性,一般包括但不限于友好提示、会员交流、售后反馈、会员优惠、会员推荐、鼓励用户参与、会员活动、专家答疑等。

　　如图 2-11 所示,汶川地震时各大门户网站的页面都换成了黑色,和全国人民一起寄托这种沉痛的哀思。

 2.2.5　信任体验

　　呈献给用户的信任体验强调可靠性,一般包括但不限于搜索引擎、公司介绍、投资者关系、服务保障、文章来源、文章编辑作者、联系方式、有效的投诉途径、安全及隐私条款、网站备案、帮助中心等。

　　如图 2-12 所示为淘宝某店铺的产品介绍截图,图文并茂地展示了仓储及配送情况,增强了用户对产品的信任度,减少了用户在购买时的顾虑。

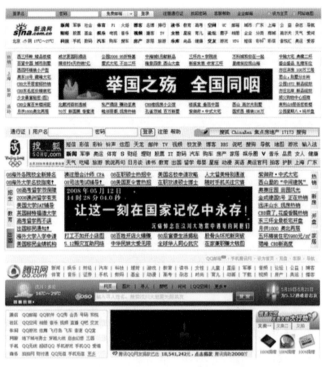

图 2-11　汶川地震时的各大门户网站

图 2-12　淘宝某店铺产品介绍

▶▶ 经验总结

　　情感体验和信任体验是更高一级的体验，是产品的基本体验，是在感官体验、交互体验和浏览体验都设计好以后再去考虑的问题。这也是做产品的一个重要的原则：在有限的资源里做最重要的事情。

2.3　用户体验的改进方法

在产品初期，不要因为过于注重细节而忘记产品的实质——满足用户需求。当有了产品以后，处于改进阶段时，应该从以下几个方面着手用户体验的改进：视觉方面、交互方面和文字方面。

2.3.1　视觉方面

不同的颜色所带给用户的感觉是不同的，这要视具体的场景而定。如图 2-13 所示饿了么的蓝色和如图 2-14 所示美团外卖的橙色，橙色更适用于餐饮类产品，因为它能增强用户的黏性，给用户带来食欲。一般冷色调倾向于理性、冷静，如图 2-15 所示知乎的蓝色；而暖色调倾向于热情、感性、女性，如图 2-16 所示美图秀秀的粉色。

图 2-13　蓝色的"饿了么"

图 2-14　橙色的"美团外卖"

图 2-15　蓝色的"知乎网"

图 2-16　粉色的"美图秀秀"

2.3.2 交互方面

工具类产品，如图 2-17 所示的有道云笔记和如图 2-18 所示的百度地图都强调的是易用、操作简单，因此交互效果不宜太花哨，要能使用户第一时间完成他的目的。

图 2-17 有道云笔记

图 2-18 百度地图

而诸如社交、视频、音乐等产品，用户使用时的心情相对较轻松，可以通过一些更有趣的交互效果和用户形成人机互动，使用户得到一种心情上的满足感。如图 2-19 所示的微信界面，当有消息未阅读的时候，双击标签栏微信可快速切换到未读的消息，按住单条未读消息向左滑动可以切换为已读状态；如图 2-20 所示的腾讯 QQ，未读的消息可以通过直接向下拖动红点来取消。

图 2-19 微信

图 2-20 腾讯 QQ

2.3.3　文字方面

　　在文字的处理方面同样与产品定位有关。大部分在文字的处理上要以简洁明了为主。

　　如果用户的年龄段较低，可以增添一些有趣、萌的色彩，以减少和用户的距离感；如果用户年龄段已经比较成熟，那么应适度，不宜过于卖萌，那样反而容易引起用户的反感。

　　如图 2-21 所示，许多产品在卸载、退出时总是以一种卖萌的语气乞求用户不要卸载、退出，这样的一种行为其实并不能起到预期效果，反而容易给用户施加压力，适得其反。

图 2-21　肆意卖萌的卸载

本 章 总 结

现在的产品都是以用户为中心，而一个好的产品则需要有高效的用户体验。好的用户体验也是经过反复测试、试验而得来的，这就需要在设计的过程中站在用户的角度全面考虑产品的性能，避免华而不实；同时还需要通过对产品的不断总结和探索去改善用户体验。好的设计技巧我们不妨参考和借鉴一些，当然不能一味地模仿，要在参考和借鉴的基础上拓展思维，加以改造和创新，避免同类化、同质化，只有这样才能做出真正具有高效用户体验的好产品。

参考视频
用户体验分类及 UE 设计实用技巧

学习笔记

本 章 作 业

选择题

1. （ ）是呈献给用户视听上的体验，强调舒适性。
   A. 感官体验   B. 浏览体验
   C. 信任体验   D. 交互体验

2. 会员申请、会员注册、表单填写、按钮设置、点击提示属于（ ）。
   A. 交互体验   B. 感官体验
   C. 信任体验   D. 情感体验

3. 给文章等设立导读，让用户在第一时间了解到所需要的信息属于（ ）。
   A. 信任体验   B. 交互体验
   C. 感官体验   D. 浏览体验

4. 下列选项中表述正确的是（ ）。
   A. 用户体验主要从交互体验、浏览体验、信任体验3个方面着手
   B. 设计风格、加载速度、在线问答属于交互体验
   C. 信息的更新频率、文字排列、页面背景颜色等属于浏览体验
   D. 公司介绍、服务保证、文章来源不属于信任体验

5. 下列选项中表述不正确的是（ ）。
   A. 在产品中，要根据用户的年龄段来考虑文字及色彩的搭配
   B. 工具类产品强调易用、操作简单，交互效果不宜太花哨
   C. 社交、音频等产品可以添加一些有趣的交互效果，给用户带来轻松的体验
   D. 会员推荐、鼓励用户参与、会员活动、专家答疑等不属于情感体验

简答题

1. 用户体验主要包括哪几个方面的体验？各自的特点是什么？
2. 如果需要提升产品的用户体验，要着重从哪几个方面进行？

▶▶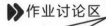作业讨论区

访问课工场 UI/UE 学院：kgc.cn/uiue（教材版块），欢迎在这里提交作业或提出问题，你将有机会跟课工场的专家以及共同学习本书的小伙伴一起探讨切磋！

第3章

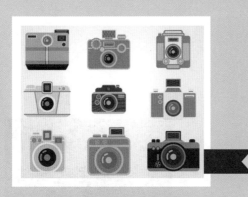

互联网交互设计精髓

● 本章目标

完成本章内容以后，您将：

- ▶ 了解视觉如何影响交互。
- ▶ 知道交互设计师是干什么的。
- ▶ 熟悉各种交互设计：导航设计、表单设计、搜索设计、反馈设计。

● 本章素材下载

- ▶ 请访问课工场UI/UE学院：kgc.cn/uiue（教材版块）下载本章需要的案例素材。

▦ 本章简介

交互设计是一个会让人感到困惑的术语,对于那些刚进入界面设计领域的新手来说,甚至会觉得有些高深,而且经常会将交互设计和界面设计混为一谈。本章将重点讲解交互设计及其精髓。

3.1 交互设计概述

交互设计是一个很抽象的术语,英文翻译为 Interaction Design,指一个产品如何根据用户的行为而"行动",以及如何让用户通过一些控制键来操纵产品。交互设计通常通过用户界面(UI)来体现。

一般来说在做界面设计的时候我们会重点关注字体样式应用、Logo 形式等元素,而在进行交互设计时则需要关注比界面样式更深层次的元素,即按钮、开关、排版、光效、声效、图标及颜色等界面元素在使用过程中的反应,并以可以预见的方式不断迭代改进界面,最终能够完善地将预期的理想体验传递给用户。

图 3-1　在 iOS9 锁屏界面上拖拽相机图标可以进行拍摄

交互设计是一个不断发展的领域,但其发展相对缓慢。例如,当鼠标和键盘这样的交互工具发生变化时,交互设计领域才会发生变化。现在由于大量的用户开始接受移动电话相关的新技术,所以设计师就要去适应潮流并能在应用中采用类似于双指缩放、指纹解锁这样的交互手势,如图 3-1 所示,iPhone 锁屏状态下可以通过拖拽照相机图标来进行拍照。

在进行交互设计时,要"以用户为中心"进行设计,我们需要清楚,我们所面对的用户并不是设计师,他们对科技并不敏感,当然他们也不是对科技一无所知的"小白",他们是多种多样的,可能讲不同的语言,年龄有大有小,阅读能力良莠不齐,计算机水平也有高有低,还有可能是色盲。

那么对用户来说,最好的设计是怎样的呢?最好的设计应该有很强的容错性。在理想情况下,设计师应该尝试创造可以让用户感到自由并能让他们无忧无虑地探索的产品。例如苹果的 App Store,当用户需要为应用付费时,用户需要点击应用的价格,再点击出现的"购买"按钮,如图 3-2 所示,在最后支付前还需要输入一遍密码。这样的设计让用户在浏览时感到放心,不再需要担心一不留神错误地购买了不需要的应用。

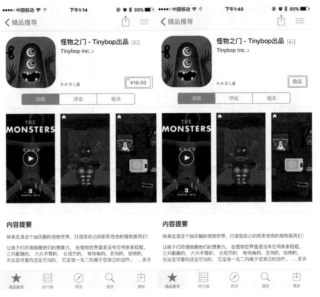

图 3-2　在 iPhone 的 App Store 中价格非常醒目，在购买时需要专门确认

3.2　为加强视觉冲击而生的交互

　　视觉设计师常说，一款应用给别人留下第一印象往往是视觉上强烈的冲击感，因此视觉设计师是不需要了解和掌握交互设计的。其实这种说法过于片面，很多时候一款应用的视觉风格反映了用户体验的基调。因此，为了使应用具有一个独特的外观和质感，而且珍惜只需一次就牢牢抓住用户的机会，就需要在视觉设计的同时良好地运用交互设计的相关原理。那么交互设计在视觉设计中是如何体现的呢？

3.2.1　界面视觉风格与交互

　　尽管设计师在进行应用设计时可以选用的视觉风格数量众多，但当今接受度较高的只有两种：拟物化和扁平化。

　　拟物化设计是指在应用设计中模仿先前实体产品中的一些原有形式。以手机上的相机为例，在视觉设计中拟物化的相机图标如图 3-3 所示。

　　用户使用手机上的相机进行拍照时都会发出"咔"的声音来模拟快门的开启和关闭。尽管这些相机本身没有发出这种声音的快门装置，但是手机设计师们还是会特意让手机拍照时发出这样的声音，以便传递给用户拍摄完毕的信息。

　　在交互设计中，拟物化的概念主要体现在设计师利用屏幕上的视觉元素模拟现实中的物体。这样的元素随处可见，例如日历应用会模拟翻页效果，如图 3-4 所示；iPad 上的电子书应用如图 3-5 所示，在用户手指滑动换页时设计了直观的纸张翻页动画，这个设计模拟了使用实体书籍的行为，这样一来用户便可以简单快捷地理解如何浏览电子版书籍了。

图 3-3　拟物化相机图标

图 3-4　拟物化日历图标

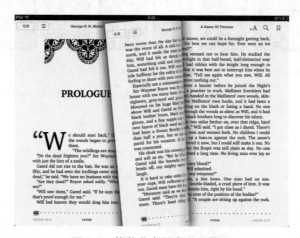

图 3-5　拟物化电子书应用界面

扁平化设计与拟物化设计是对立的，它意味着要彻底去除纯修饰性的设计元素，使界面不再包含任何不对用户最后的操作结果产生直接作用的元素。扁平化相机图标如图 3-6 所示。

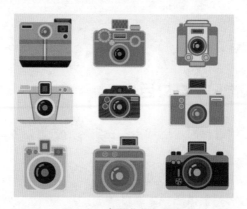

图 3-6　扁平化相机图标

▶▶ 经验总结

　　很多扁平化的崇拜者认为，拟物化设计会限制设备的潜力，并阻碍设备上最优交互体验方式的实现。其实，很多应用，甚至是操作系统正逐渐投入拟物化设计的浪潮中。但是这要归功于移动计算的逐渐成熟和大面积普及。由于模拟了实际物体的交互方式（如 iPad 上的电子书应用），所以拟物化设计便于理解，也不需要太多的用户学习成本。而采用扁平化设计时，需要重点考虑用户是如何进行人机交互的，避免造成用户在使用应用时因找不到借鉴操作而感到迷惑。

3.2.2 启动图标与交互

俗话说，人靠衣装马靠鞍。不得不承认，有时吸引用户眼球的不是产品的内在品质而是外在包装。所以，设计师需要把图标设计得醒目且吸引眼球，这有助于让应用在没有被打开前就能得到用户的喜爱。

但是在设计图标之前，有个聪明的做法是先了解系统图标样式及平台人机界面规范中的相关信息。苹果及谷歌通常都期望其他应用的风格能和系统应用保持一致，这样用户主屏幕及底座上的图标就可以看起来浑然一体。例如，iOS 上的应用图标通常都会带圆角，如图 3-7 所示；Google 上的应用图标轮廓鲜明，可以不统一使用圆角，如图 3-8 所示。

图 3-7　iOS 上的应用图标　　　　图 3-8　Google 上的应用图标

 经验总结

　　无论设计的图标是什么样的、用于什么平台，都必须在不同尺寸下保持良好的视觉效果，这就需要保持视觉的简约性，如果把过多的元素塞到图标里，那么当图标被缩小时很多细节就会很难被发现甚至消失。因此，在设计时要反复评估不同尺寸下的视觉效果，才能确保最终的作品在不同的尺寸下都能很好地展现。

3.2.3 界面外观与交互

在进行界面设计时，如果想设计得与众不同，则需要找到自己独特的风格。在设计时需要有新颖、大胆的想法，同时还要与原生应用的交互效果在一定程度上保持一致。

在设计开始时，最好的方法是分析原生应用的每个界面，分析每个界面之间是如何遵循平台的人机界面规范的，如果没有遵循平台的人机界面规范，要分析出这样做是否给予了用户更好的交互体验。

▶▶ 经验总结

在分析一款应用的设计时，应该尝试找出其中的缺陷及需要改进的地方。对平台及对应的人机界面规范的理解可以帮助你快速找出应用中不合理的地方。但是，一名优秀的交互设计师不应该是单纯找出应用中的缺陷和需要改进的地方，而是在最短的时间内给出相应的修改建议，并保证应用符合规范。

有时候设计师会在设计时故意不遵循规范。在某些情况下，为了让界面的体验更好、交互更加顺畅、应用更加高效，设计师会故意忽略平台规范。例如早期的移动应用中，菜单里都有用于刷新页面的按钮，如图 3-9 所示；而随着界面的轻质化，引入下拉刷新操作（如图 3-10 所示）以节省菜单栏空间，让设计看起来更简洁，同时交互也更扁平，当然这里节省下来的空间也可以根据需要来承载其他功能。

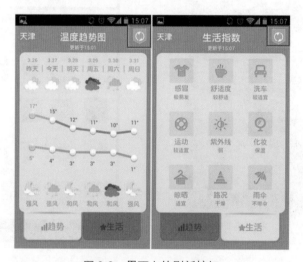

图 3-9　界面上的刷新按钮

图 3-10　下拉刷新界面

经验总结

视觉设计师往往在进行界面设计时容易陷入过分关注像素、色彩、对齐等细微差别的误区中，这时可以尝试使用线框图来帮助整理界面的整体布局，以把精力更好地集中到内容和交互方式上。

3.3 交互设计师是干什么的

交互设计师主要负责发现用户需求、建立明确需求、提出设计方案、制作设计原型、用户测试和评估等工作。以图 3-11 所示的登录框为例，通常设计师只是关注界面的视觉效果，而交互设计师则需要关注以下内容：

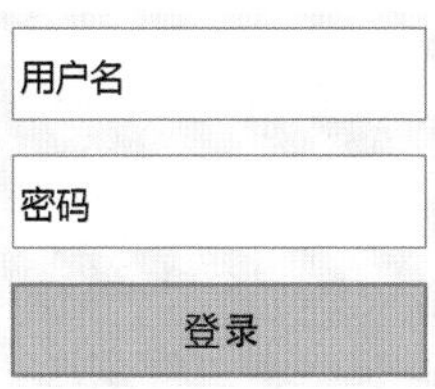
用户名
密码
登录

图 3-11　登录框

- 输入框的宽度、高度、默认情况下显示的文字内容，如图 3-12 所示。
- 当输入框为 focus 状态（即获得焦点）时给予用户很明确的获取状态提示，要让用户清楚当前是什么状态、可以做什么样的操作（如图 3-13 所示），以及有什么样的字符限制（如字符长度限制）和字符样式的限制。

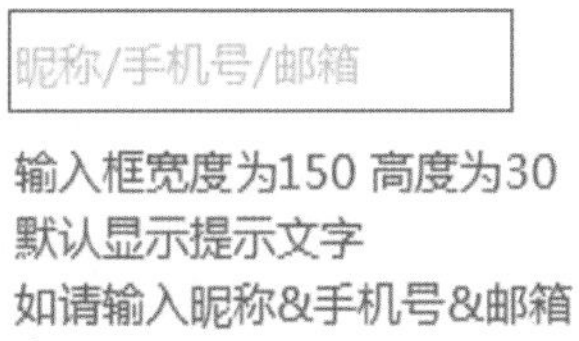
昵称/手机号/邮箱
输入框宽度为150 高度为30
默认显示提示文字
如请输入昵称&手机号&邮箱

图 3-12　交互设计师眼中的登录框

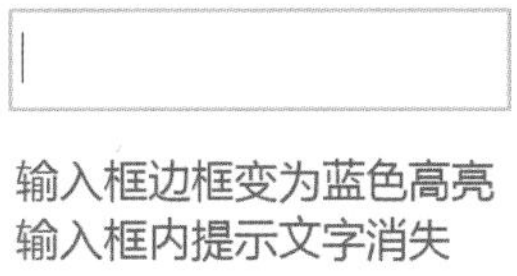
输入框边框变为蓝色高亮
输入框内提示文字消失

图 3-13　交互设计师眼中的登录框

- 密码输入框，密码对于用户而言是很隐私的，这时候就要对密码进行隐藏保护，相对一些容易遗忘的用户而言，还可以取消密码的隐藏，如图 3-14 所示。

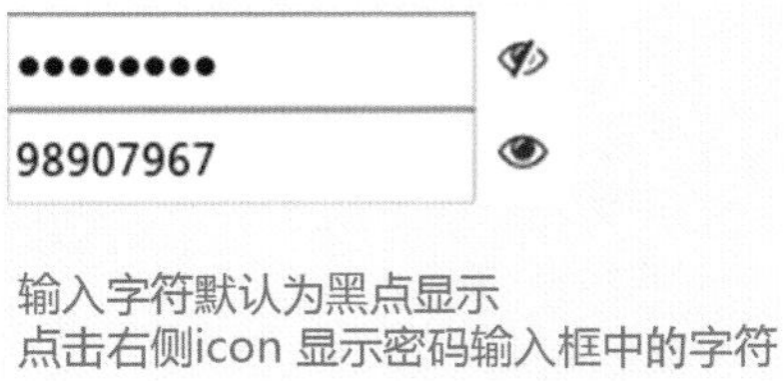
●●●●●●●●●
98907967
输入字符默认为黑点显示
点击右侧icon 显示密码输入框中的字符

图 3-14　交互设计师眼中的密码输入框

- 对于当前状态的反馈，点击“登录”按钮时用户所填写的用户名和密码数据将提交到后台，后台就会有一个相应的状态，并且明确地提示用户当前后台是在对用户所提交的数据进行加载，让用户能很明确地知道程序是在运算的过程中，当用户名和密码匹配正确时跳转到相应的页面；如果匹配错误，后台需要验证用户名是否存在，如果存在该用户名，提示区提示"密码错误"；如果不存在该用户名，提示区域提示"暂无该用户，请注册"。

3.4 交互设计之导航设计

我们经常会听到周围的人抱怨这个或者那个 App 太糟糕、太不人性化了，这类的抱怨往往集中在进入某个 App 以后返回很困难、找内容找不到等，而这些问题要归咎于产品的导航，了解应用的导航模式可以很好地避免这类问题的发生。

3.4.1 Web应用常见的导航模式

网站导航种类繁多，常见的导航模式有顶部水平栏导航、竖直 / 侧边栏导航、选项卡导航、面包屑导航、搜索导航、页尾导航等。

1. 顶部水平栏导航

顶部水平栏导航是当前最流行的网站导航菜单设计模式之一，最常用于网站的主导航菜单，且通常放在网站所有页面的网站头的直接上方或直接下方。导航项是文字链接、按钮形状或选项卡形状且通常直接放在邻近网站 Logo 的地方，如图 3-15 所示。

图 3-15　顶部水平栏导航

▶▶ **经验总结**

　　顶部水平栏导航对于只需要在主要导航中显示 5 ～ 12 个导航项的网站来说是非常好的，这也是单列布局网站主导航的唯一选择（除了通常用于二级导航系统的底部导航）。当它与下拉子导航结合时，这种设计模式可以支持更多的链接。

2. 竖直 / 侧边栏导航

竖直 / 侧边栏导航的导航项被排列在一个单列，一项在一项的上面。它经常在左上角的列上，在主内容区之前。侧边栏导航设计模式随处可见，几乎存在于每一类网站上。这可能是因为竖直 / 侧边栏导航是当前最通用的模式之一，可以适应数量很多的链接。它可以与子导航菜单一起使用，也可以单独使用。侧边栏导航可以集成在几乎任何种类的多列布局中，如图 3-16 所示。

3. 选项卡导航

选项卡导航可以随意设计成任何你想要的样式，从逼真的、有手感的标签到圆滑的、有简单方边的标签等。它存在于各种各样的网站里，并且可以纳入任何视觉效果，几乎适合任何主导航，如图 **3-17** 所示。

图 3-16 竖直/侧边栏导航

图 3-17 选项卡导航

4. 面包屑导航

面包屑导航源于《格林童话》中的"糖果屋"故事，故事中的小主人公在沿途播撒面包屑以用来找到回家的路。而在网页中这些"面包屑"可以告诉你在网站中的当前位置。这是二级导航的一种形式，用以辅助网站的主导航系统。面包屑对于多级别具有层次结构的网站特别有用，它们可以帮助用户了解到当前自己在整站中所处的位置。如果用户希望返回到某一级，它们只需要点击相应的面包屑导航项即可，如图 **3-18** 所示。

图 3-18 面包屑导航

5. 搜索导航

近些年来网站检索已成为流行的导航方式，它非常适合拥有无限内容的网站（像维基百科），这种网站很难使用其他的导航。搜索也常见于博客、新闻网站和电子商务网站，如图 **3-19** 所示。搜索导航对于清楚地知道自己想要找什么的用户来说非常有用。它对保证那些不完全知道自己要找什么或是想发现潜在的感兴趣内容的浏览者可以查找到内容依然非常重要。

图 3-19 搜索导航

▶▶ 经验总结

对于具有无数页面并且有复杂信息结构的网站来说，需要引入搜索功能。另外，搜索对于电子商务网站也非常重要，而关键的一点是电子商务网站的搜索结果要根据网站存货的多少具有相应的筛选和排序功能。

6. 页尾导航

页尾导航通常用于次要导航,并且可能包含了主导航中没有的链接或是包含简化的网站地图链接。访客通常是在主导航找不到他们要找的东西时会去查看页尾导航。通常页尾导航会使用文字链接,偶尔带有图标,如图 3-20 所示。

图 3-20　页尾导航

▶▶ 经验总结

大多数网站使用不止一种导航设计模式。例如一个网站可能会用顶部水平栏导航作为主导航系统,并使用竖直/侧边栏导航和搜索导航来辅助它,如图 3-21 所示,有时还会用页尾导航来作冗余,以增加页面的便利度。

图 3-21　天猫超市使用的多种导航

3.4.2　移动应用常见的导航模式

和精良的设计一样,完美的导航设计能让用户根据直觉使用应用程序,也能让用户非常容易地完成所有任务。移动应用的导航模式主要有跳板式导航、列表菜单式导航、选项卡式导航、陈列馆式导航、隐喻式导航、页面轮盘式导航、图片轮盘式导航。

1. 跳板式导航

跳板式导航对操作系统并没有特殊要求,在各种设备上都有良好的表现。它有时也被称为"快速启动板"。跳板式导航的特征是，登录界面中的菜单选项就是进入各个应用的起点。常见跳板式导航的布局形式是 3×3、2×3、2×2 和 1×2 的网格，如图 3-22 所示。

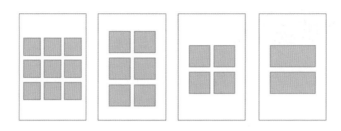

图 3-22　跳板式导航的常见布局

2. 列表菜单式导航

列表菜单式导航如图 3-23 所示，与跳板式导航的共同点是每个菜单项都是进入应用的各项功能的入口点。

图 3-23　iOS 系统设置的列表菜单式导航

▶▶经验总结

列表菜单很适合用来显示较长或拥有次级文字内容的标题。使用列表菜单的应用要在所有次级屏幕内提供一个选项，用来返回菜单列表。通常的做法是在标题栏上显示一个带有列表图标或"菜单"字样的按钮。

3. 选项卡式导航

选项卡式导航（如图 3-24 所示）在不同的操作系统上有不同的表现，对选项卡的定位和设计，不同的操作系统有不同的规则，如图 3-25 所示，iOS、WebOS 和 BlackBerry

系统都把选项卡放在了屏幕底端，这样用户就可以用拇指进行很好的操作。Android、Symbian 和 Windows 系统都把选项卡定位在屏幕的顶端，这种形式模拟了标准的网站导航模式。

图 3-24　微信选项卡式导航

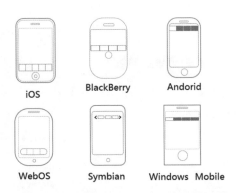

图 3-25　不同操作系统下的选项卡式导航

▶▶ 经验总结

　　在设计选项卡式导航时，要为已选择的菜单设置不同的视觉效果，这样用户就能清晰地知道自己选择了哪一项。要使用易于识别或带有标签的图标。

4. 陈列馆式导航

　　陈列馆式的设计通过在平面上显示各个内容项来实现导航，主要用来显示文章、菜谱、照片、产品等，可以布局成轮盘、网格或用幻灯片演示，如图 3-26 所示。

▶▶ 经验总结

　　陈列馆式导航能更好地应用于用户需要经常浏览、频繁更新的内容。

5. 隐喻式导航

　　隐喻式导航是用页面模仿应用的隐喻对象，主要用于游戏及与真实事物比较接近的应用，如图 3-27 所示的计算器应用就很好地运用了隐喻式导航。

6. 页面轮盘式导航

　　页面轮盘式导航，用户可以通过"滑动"操作快速浏览一系列离散的页面。页面指示器（即用来表示页面数量的小点）可以显示出导航中的页面数量，执行"滑动"操作可以显示下一页。如图 3-28 所示为页面中的轮盘式导航。

图 3-26　陈列馆式导航

图 3-27　隐喻式导航

7. 图片轮盘式导航

　　图片轮盘式导航主要以图片的轮盘式来体现更多内容，如图 3-29 所示为课工场移动应用中的图片轮盘式导航。

图 3-28　页面轮盘式导航

图 3-29　图片轮盘式导航

　经验总结

　　图片轮盘式导航能很好地显示更多内容，如艺术品展示、产品介绍 / 推广、照片等。页面指示器使用箭头等，能很好地告知用户有更多的内容可以浏览。

3.5 交互设计之表单设计

大部分互联网应用都是依靠表单实现数据输入或布局，而在应用中最常用的表单模式为登录表单和注册表单。

 ### 3.5.1 登录表单

登录表单应该只包含少量的信息输入：用户名、密码、操作按钮、密码帮助、注册选项等，如图 3-30 所示为课工场 Web 端的登录界面，如图 3-31 所示为课工场移动端的登录界面。从这两个界面可以看出登录表单除必需的登录框和密码框外，需要提供用户忘记密码后的解决办法（即忘记密码），这也是交互设计上一条很重要的容错原则，即允许用户犯错并提供及时的解决办法。

图 3-30　课工场 Web 端的登录界面　　　　图 3-31　课工场移动端的登录界面

 经验总结

　　不要自己"独创"登录表单，应采用常见的设计方案，这样更易于用户登录，并提供取回已忘记密码的方式。

 ### 3.5.2 注册表单

注册表单和登录表单一样，但比登录表单复杂。同样设计上应该包含少量的信息输入，如图 3-32 所示为课工场 Web 端的注册界面，提供了手机注册和邮箱注册两种方式，同时需要反复验证密码;如图 **3-33** 所示为课工场移动端的注册界面,仅提供手机注册一种方式。

图 3-32 课工场 Web 端的注册界面

图 3-33 课工场移动端的注册界面

▶▶经验总结

　　注册表单设计时,标签和输入框均采用垂直排列,更易于阅读。同时注册页面也应该简洁明了,最好在一屏内显示完所要填写的信息,"注册"按钮应该显示在同一屏内。确保已注册用户能很容易地登录。

3.6　交互设计之搜索设计

　　随着互联网的迅猛发展,越来越多的信息充斥着我们的视野,互联网应用的搜索功能也显得尤为重要,它可以帮助我们快速找到所需要的信息。一般来说,搜索模式包括显性搜索、自动补全搜索、范围搜索、保存搜索记录并显示最近搜索内容等。

3.6.1 显性搜索

显性搜索要求用户执行明显的搜索操作并浏览搜索结果，其操作方式可以是点击屏幕上的搜索按钮，如图 3-34 所示为课工场 Web 端应用的显性搜索框及搜索结果，如图 3-35 所示为课工场移动端的显性搜索框。

图 3-34　课工场 Web 端应用的显性搜索及搜索结果

也可以是按下键盘上的搜索键（Web 端应用常按键盘上的回车键），如图 3-36 所示。搜索结果通常显示在搜索栏的下方，如图 3-37 所示。

图 3-35　课工场移动端——载入并显示搜索结果　　图 3-36　微信移动端——搜索按钮在键盘上

 经验总结

建议为显性搜索搭配自动补全模式，并且在输入域周围提供明显的操作按钮，并提供撤消搜索的选项，这样会提高移动应用的易用性。另外，无论是 Web 端还是移动端都应该通过反馈告知用户搜索动作正在执行或已经执行，减少用户的迷惑。搜索的理想状态是点击相应的搜索按钮后立即显示结果，但是由于网络环境、系统环境、设备环境等造成相对的延迟，这时就要使用进度指示器（搜索中 ...）作为系统的反馈，如图 3-38 所示。

图 3-37　课工场移动端搜索结果显示　　　图 3-38　课工场移动端"正在加载……"

 3.6.2　自动补全搜索

目前主流的 Web 端应用和移动端应用使用最广的搜索模式就是自动补全模式。用户输入内容时程序立刻显示一系列可能的输入结果，只要通过点击来选择某一项，程序就会执行所搜操作。如图 3-39 所示为 Web 端自动补全搜索。

图 3-39　Web 端自动补全搜索

 3.6.3　范围搜索

有时候，在执行搜索之前先确定搜索条件的范围能够更容易、更快速地搜索到想要的结果，如图 3-40 所示。

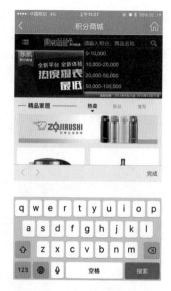

图 3-40   范围搜索

 经验总结

范围搜索通常设置 3 ～ 6 个范围选项即可，不宜过多。

3.6.4   保存搜索记录并显示最近搜索内容

成功的移动应用界面设计都遵循基本的可用性原则：尊重用户的劳动成果。保存搜索记录并显示最近搜索内容的设计做到了这一点。这样用户就可以很容易地从先前的搜索内容中进行选择，而不需要再次输入相同的关键词或搜索条件，如图 3-41 所示。

图 3-41   保存搜索记录并显示最近搜索内容

3.7　交互设计之反馈设计

反馈的标准要求是"向用户提供适当、清晰且及时的反馈"，这样用户才能知道他所执行的操作得到了什么样的结果，才能了解系统的运行状态。反馈的类型非常多，有进度指示器（如图 3-42 所示）、确认信息（如图 3-43 所示）、系统状态（如图 3-44 所示）等。

图 3-42　进度指示器　　　　　图 3-43　订单信息确认　　　　　图 3-44　页面当前状态反馈

3.7.1　出错信息反馈

出错信息的反馈尤为重要，互联网应用中常使用纯文字的形式展现给用户，并在反馈中主动给用户提出解决办法。在屏幕上突出显示出错信息，或文字加粗，或颜色鲜明。如图 3-45 所示为 Web 端应用注册界面的错误信息反馈，如图 3-46 所示为移动端应用登录界面的错误信息反馈。

图 3-45　Web 端应用注册界面的错误信息反馈　　图 3-46　移动端应用登录界面的错误信息反馈

3.7.2　确认反馈

当用户执行某一操作时系统应该让用户对其进行确认，常见于确认信息的操作，比如当用户提交信息或某项交易结束时，如图 3-47 所示。

图 3-47　订单确认

 经验总结

当用户执行某项操作时提示确认信息，尽量不要打断用户使用产品的过程。

 3.7.3　系统状态

及时地提供反馈信息能提升用户对应用的信任度。当页面刷新时及时提醒用户"页面加载中 ..."，让用户知道是在等待，而不会误认为程序卡住而导致不知所措，这里可以使用简单的信息、动态指示器、进度条等形式告知用户当前系统的状态，如图 3-48 所示。

图 3-48　页面加载状态

本 章 总 结

⚐ 一个优秀的交互设计可以提升产品的易用性，使用户在使用产品的过程中感到愉悦。

⚐ 交互设计本身致力于了解目标用户和他们的期望，了解用户在同产品交互时彼此的行为，了解"人"本身的心理和行为特点，同时还包括了解各种有效的交互方式，并对它们进行增强和扩充。

⚐ 交互设计是面向用户的，在导航设计、表单设计、搜索设计、反馈设计中要充分地站在用户的角度分析，要让用户可以在短时间内了解内容并作出选择。

参考视频
交互设计师必备基本功

学习笔记

本 章 作 业

选择题

1. 下列选项中说法错误的是（　　　）。

   A. 交互设计讲究"以用户为中心"的理念

   B. 在应用设计中模仿先前实体产品中的一些原有形式的设计被称为拟物化设计

   C. 扁平化设计和拟物化设计是统一的

   D. 采用扁平化设计时要重点考虑用户是如何进行人机交互的

2. 下列选项中不属于交互设计师职责的是（　　　）。

   A. 发现用户需求 　　　　　　　　　B. 建立明确需求

   C. 制作设计原型 　　　　　　　　　D. 完成视觉设计稿

3. 下列选项中属于网站常见导航模式的是（　　　）。

   A. 面包屑导航 　　　　　　　　　　B. 列表菜单式导航

   C. 陈列馆式导航 　　　　　　　　　D. 隐喻式导航

4. 下列不属于跳板式常见导航布局形式的是（　　　）。

   A. 3×3 　　　　　　　　　　　　　B. 2×3

   C. 1×4 　　　　　　　　　　　　　D. 2×2

5. （　　　）导航设计通过在平面上显示各个内容项来实现导航，主要用来显示文章、菜谱、照片、产品等。

   A. 隐喻式 　　　　　　　　　　　　B. 陈列馆式

   C. 页面轮盘式 　　　　　　　　　　D. 选项卡式

简答题

1. 交互设计师的职责有哪些?

2. 移动应用常见的导航模式有哪些?

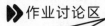 作业讨论区

访问课工场 UI/UE 学院：kgc.cn/uiue（教材版块），欢迎在这里提交作业或提出问题，你将有机会跟课工场的专家以及共同学习本书的小伙伴一起探讨切磋!

第4章

Axure互联网
应用交互基础

● 本章目标

完成本章内容以后，您将：

▶ 知道如何把想法和思路画成原型图。

▶ 熟悉Axure RP软件界面。

▶ 学会自制iPhone控件库。

▶ 掌握首页幻灯轮播交互效果实现方法。

▶ 掌握网站首页全局导航交互效果实现。

● 本章素材下载

▶ 请访问课工场UI/UE学院：kgc.cn/uiue
（教材版块）下载本章需要的案例素材。

本章简介

当我们获得了若干创意思路和灵感后,需要把它们变成比较直观的设计效果,我们需要动手把它们绘制成草图,即设计的原型图。原型图的绘制可以帮助我们把抽象的想法具体化,对不完善的创意进行补充,对已经成型的思路进行扩展和充实。原型图的绘制形式多种多样,可以是绘制在纸上、白板上的,也可以是用计算机绘制出来的。本章将学习使用 Axure RP 软件完成产品用户体验设计的第一个阶段——原型图设计。

4.1 把想法和思路画成原型图

参考视频
Axure 产品交互设计工具
基础操作(1)

原型图绘制并不完全是为了表现设计的结果,而是为了进一步激发灵感和再创意,所以绘制原型草图是一个合格设计师必备的技能。

4.1.1 什么是原型

原型一词 prototype 来源于希腊语 prototypos,有初始的模式和印象的意思。可以理解为,在投入大量的人力、物力、财力生产最终产品之前所做出的测试用的产品,用来测试不同人群对使用该产品的一个反应,以便能快速地找出产品的不足,减少 Bug 的出现。

我们经常看到的建筑设计图(如图 4-1 所示)和样板间、一些数码产品的设计图(如图 4-2 所示)、概念车(如图 4-3 所示)等都是原型的不同体现。

图 4-1　建筑设计图

图 4-2　数码产品的设计图

图 4-3　概念车

　　原型可以有很多种，它们的目的也不尽相同，有作为概念展示的，有作为融资需要的，有作为目标用户测试的，有用作生产说明的，也有作为销售推广需要的。

 4.1.2　原型的类型及各自的特点

　　原型主要有三种表现形式：低保真原型、高保真原型、视觉效果图。

　　低保真原型是对产品较简单的模拟，主要展现产品的外部特征和功能架构，以及产品最初的设计概念和思路，展现方式有绘制在纸上或白板上的草图（如图 4-4 所示）和用 Photoshop、Axure 等软件绘制的线框图（如图 4-5 所示）。

图 4-4　手绘原型

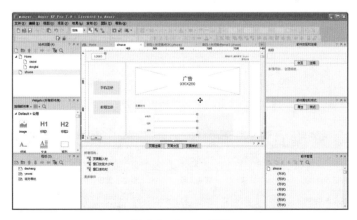

图 4-5　Axure 原型

视觉设计稿是针对产品的静态视觉设计图,如图 4-6 所示。

图 4-6　课工场移动端应用的视觉设计稿

高保真原型是高功能性、高互动性的原型,它尽可能展示产品、界面的主要或全部功能或工作流程,通常由交互设计人员、视觉设计人员、软件开发人员、硬件技术支持人员等协同完成,以确保尽可能地展现真实产品的"样子"。如图 4-7 所示为使用 Axure 软件制作的高保真原型。

图 4-7　使用 Axure 软件制作的高保真原型

低保真原型、视觉设计稿、高保真原型三者的区别如图 4-8 所示。

	保真度	花费	用途	特征
低保真原型	低	¥	快速交流	草图,黑白灰,代表用户界面
视觉设计稿	高	¥ ¥	获得认可	静态视觉设计稿
高保真原型	高	¥ ¥ ¥	测试、界面复用	可交互的动态视觉设计稿,几乎相当于最终效果

图 4-8　低保真原型、视觉设计稿、高保真原型的区别

4.2　Axure RP 软件界面基础

Axure RP 是一款制作网页原型图（或者叫网页线框图）的软件，可以用它制作出逼真的、基于 HTML 代码的网站原型，用于评估、需求说明、提案、融资、策划等各种不同的目的。更精彩的是，该原型可以响应用户的点击、鼠标悬停、拖拽、提交表单、超链接等各种事件。除了真实的数据库支持外，它几乎是一个真正的网站——不仅仅是图片，而是集合了 HTML、CSS、JavaScript 效果的、活生生的网站。使用 Axure RP，能够让你在做出想象中的网站之前就先体验和使用你的网站。

>
> **注意**　Axure RP软件可使用于Windows系统和OS X系统，为了方便学习，本书中的截图统一采用Axure RP7的Windows版本进行讲解。

4.2.1　Axure 的文件格式

Axure 包含以下 3 种不同的文件格式：

➢ .rp 文件：是设计时使用 Axure 进行原型设计时所创建的单独的文件，也是我们创建新项目时的默认格式。

➢ .rplib 文件：是自定义部件库文件。可以到网上下载 Axure 部件库使用，也可以自己制作自定义部件库并将其分享给其他成员使用。

➢ .rpprj 文件：是团队协作的项目文件，通常用于团队中多人协作处理同一个较为复杂的项目。不过，在自己制作复杂的项目时也可以选择使用团队项目，因为团队项目允许随时查看并恢复到任意的历史版本。

4.2.2　Axure 的工作环境

双击电脑桌面上的 Axure RP 图标可以看到如图 4-9 所示的运行界面，为了方便描述我们将界面分成 9 个区域分别进行介绍。

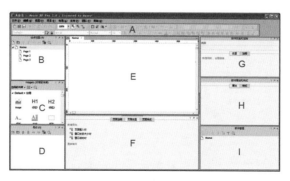

图 4-9　Axure RP 运行界面

A：工具栏。

B：站点地图面板。

C：部件面板。

D：母版面板。

E：页面区。

F：页面设置面板。

G：部件交互和注释面板。

H：部件属性和样式面板。

I：部件管理面板。

1. 工具栏

Axure RP 的工具栏与大家熟悉的 Office 工具栏的布局和图标类似，并且鼠标停留在某个工具上时也会有工具名称显示。如图 4-10 所示的 3 个按钮是比较常用且特殊的工具。

图 4-10　预览及发布工具

最左边的是预览工具，快捷键为 F5。点击预览工具按钮可以在浏览器中对当前页面进行预览，默认情况下会在系统默认的浏览器中打开。

中间是发布到 Axshare 工具，快捷键为 F6。点击发布到 Axshare 工具按钮可以将产品原型发布到 Axure 网站提供的服务器上去，并且 Axure 会自动生成一个项目的 URL，将这个地址发送给其他人，他们就可以访问你的原型了。

▶▶ 经验总结

Axshare 就是 Axure 提供给所有用户的一个免费的 Web 服务器，免费版本支持最多 1000 个项目和 100MB 的存储空间。

2. 站点地图面板

站点地图用来增加、删除和组织管理原型中的页面。站点地图是树状的，以 Home（首页）为根节点。如果需要对某个页面进行编辑，则只要在站点地图上找到这个页面，然后双击，这个页面就会在页面区域中打开，如图 4-11 所示。

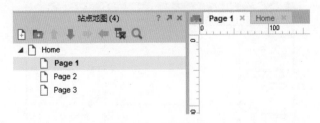

图 4-11　站点地图

当对页面名称进行编辑时，只要重复单击某个页面，然后输入新的名称即可，当鼠标悬停在某个页面上时会显示一个小的预览图，如图 4-12 所示。

图 4-12　站点地图上的页面预览图

▶▶ 经验总结

　　添加页面的数量是没有限制的，但是如果你的页面非常多，则强烈建议使用文件夹进行管理。另外，在进行复杂页面编辑的时候，建议先创建站点地图，把整体结构规划好，然后再进行单独页面的编辑，这样会比较高效。

3. 部件面板

　　部件有时候也称为控件或组件。Axure RP 已经将预先制作好了一些网站项目中的常见 "零件" 即页面中的常见元素，如图像、文本、矩形等。要添加部件，只需将需要的部件拖放至设计区域即可。要想学好 Axure RP 这款软件，首先要熟悉这些常用的基础部件。

　　（1）"图像" 部件，如图 4-13 所示。可以导入任何尺寸的 JPG、GIF、PNG 图片。Axure RP 对图片的支持是非常强大的。我们还可以导入一张大的图片到 Axure RP 中，然后用 Axure RP 的 "分割" 功能将其切成若干更符合页面布局的小图片。

Image

图 4-13　"图像" 部件

▶▶ 经验总结

　　默认情况下，Axure RP 是按照不同的图片格式进行导入分类的。如果在一张图片应该出现的目录中找不到这张图片，那么试着更改一下格式也许就能找到了。

　　（2）"标题 1" 和 "标题 2" 部件，如图 4-14 所示，用于输入标题文本。
　　（3）"标签" 和 "文本" 部件，如图 4-15 所示，用于输入普通的文字和文字段落。

H1　H2
标题1　　标题2

A_　A≡
标签　　文本

图 4-14　"标题 1" 和 "标题 2" 部件　　　　图 4-15　"标签" 和 "文本" 部件

　　（4）"矩形" 部件，如图 4-16 所示。它是最常用的部件之一，可以用来做很多工作，比如页面上一块蓝色的背景，就可以是一个填充为蓝色的 "矩形" 部件；页面上有边框的区域，就可以是一个填充为透明的 "矩形" 部件；"矩形" 部件甚至可以用来制作文字链接。

（5）"占位符"部件，如图 4-17 所示。通常在页面需要预留一块区域，但是还没有想清楚这块区域中到底放什么内容的时候使用。

矩形   占位符

图 4-16 "矩形"部件   图 4-17 "占位符"部件

（6）"形状按钮"部件，如图 4-18 所示。形状按钮与按钮类似，但是有一些特殊的功能，比如像 Tab 一样的按钮、特殊形状的按钮、支持鼠标悬停改变样式的按钮。它几乎结合了按钮和"矩形"部件的优点。我们可以使用"形状按钮"部件把多个按钮分配为一组，并且为它们的"选中"和"非选中"选择不同的状态，这样就可以做到让一个按钮按下去的时候其他的按钮都"弹起来"的效果。

（7）"HTML 按钮"部件，如图 4-19 所示。这是个普通的按钮部件，没有额外的样式可供选择。

自定义形状   HTML按钮

图 4-18 "形状按钮"部件   图 4-19 "HTML 按钮"部件

（8）"水平分割线"和"垂直分割线"部件，如图 4-20 所示，当我们要在视觉上分割一些区域的时候需要使用这两个部件。

（9）"动态面板"部件，如图 4-21 所示。"动态面板"部件是 Axure RP 中功能最强大的部件，通过这个部件可以实现很多原型软件不能实现的动态效果。可以将动态面板理解为一个状态（层）中装有其他部件的容器。对于熟悉 Photoshop 软件的用户来说，动态面板显示一个动态的"图层组"，每个图层组可以有很多层，而每个层可以放置不同的内容。同时，在动态面板中可以包含其他的部件。

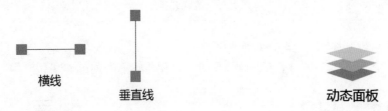

横线   垂直线   动态面板

图 4-20 "水平分割线"和"垂直分割线"部件   图 4-21 "动态面板"部件

（10）"图像热区"部件，如图 4-22 所示。图像热区是一个不可见的（透明的）层，这个层允许放在任何区域上并在"图像热区"部件上添加交互。"图像热区"部件通常用于自定义按钮或者给某张图片添加热区。

（11）"文本框（单行）"部件，如图 4-23 所示。这是一个在所有常见的页面中用来接收用户输入的部件，但是只能进行单行的文本输入。

图像热区

文本框（单行）

图 4-22　"图像热区"部件　　　　　图 4-23　"文本框（单行）"部件

（12）"下拉列表框"部件，如图 4-24 所示，用于页面中让用户从一些值中进行选择，而不是随意输入。

（13）"复选框"部件，如图 4-25 所示，用于让用户从多个选项中选择多个内容。

（14）"单选按钮"部件，如图 4-26 所示，用于让用户从多个选项中单选内容。

▶ 经验总结

　　添加多个单选按钮后，需要将它们添加到"指定单选按钮组"中，这样 Axure RP 软件才能知道哪些单选按钮是同一组的，从而避免让用户多选。

下拉列表框

复选框

单选按钮

图 4-24　"下拉列表框"部件　　　图 4-25　"复选框"部件　　　图 4-26　"单选按钮"部件

4. 母版面板

母版可用来创建重复使用的资源和管理全局变化，是整个项目中重复使用的部件容器。用来创建母版的常用元素有页头、页脚、导航、模板和广告等。母版的强大之处在于，你可以在任何页面中轻松地使用母版，而不需要再次制作或复制粘贴，并且可以在母版面板中对母版进行统一管理。

创建母版的方法有以下两种：

方法一：在母版面板中点击"新增母版"按钮，给新创建的母版命名，双击该母版进行编辑，如图 4-27 所示。

图 4-27　创建母版并命名

方法二：在页面区域中选中要转换为母版的部件，然后右击，在弹出的快捷菜单中选择"转换为母版"选项，如图 4-28 所示，在弹出的对话框中设置母版的名称，同时还可以选择母版的拖放行为，如图 4-29 所示。

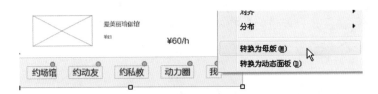

图 4-28　鼠标右键创建母版

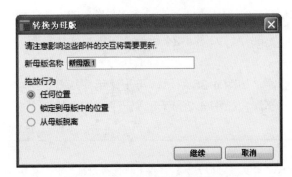

图 4-29　命名母版及选择拖放行为

　　母版可以设置 3 种不同的行为:任何位置、锁定到母版中的位置、从母版脱离。改变母版行为的方法是,在母版面板中右击母版,选择"拖放行为",在弹出的子菜单中进行选择,如图 4-30 所示。

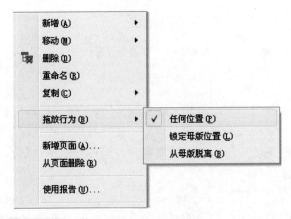

图 4-30　更改母版行为

> 任何位置:当拖动母版到设计区域时,可以任意指定母版的位置。
> 锁定母版位置:拖动母版到设计区域时,母版会被自动锁定到创建母版时的位置。
> 从母版脱离:当拖动母版到设计区域时,这些部件会与母版脱离关系,变成可以编辑的部件。

注意　　母版行为可以随时修改,而且只会影响到当前要拖放到设计区域的母版。

5. 页面区

页面区就是显示各个界面内容的区域，也就是将要被生成 HTML 的区域。放置在这个区域中的各个部件将会成为 HTML 出现在原型中。

页面区默认是会显示标尺的，标尺的刻度为像素。页面区的原点在左上角，即 X∶0，Y∶0。

6. 页面设置面板

页面设置区用来设置页面级别的交互及当前页面的风格属性。

页面交互包括以下几个：

> 页面载入时：页面加载完成之后触发的事件，可以用来设置空间的初始状态、参数的初始状态等。

> 窗口改变大小时：当页面尺寸发生变化的时候触发，比如用户缩小页面的时候对页面布局进行一些调整。

> 窗口滚动时：当页面滚动的时候触发的事件，例如页面滚动时页面加载即可使用此交互事件实现。

> 页面鼠标单击时：当页面被单击时触发。

> 页面鼠标双击时：当页面被双击时触发。

> 页面右键单击时：当页面被右键单击时触发。

> 页面鼠标移动时：当鼠标在页面上移动时触发。

> 页面键盘按键按下时：当用户在页面上按下按键时触发。

> 页面键盘按键松开时：当用户在页面上按下按键弹起时触发。

> 自适应视野变更时：当自适应视野发生变化时触发。自适应视野变化是指在移动端从竖屏浏览变成横屏浏览。

7. 部件交互和注释面板

这个部分管理一个部件的事件。Axure RP 软件中的事件支持复制和粘贴。这个功能在创建多个同样的事件时非常有用。

8. 部件属性和样式面板

这个部分用来设置部件的形状、对其禁用还是启用、选择组、工具提示、填充颜色等内容。很多部件属性的设置也可以通过工具栏和鼠标右键来完成。

9. 部件管理面板

部件管理会列出所有当前页面中的控件，包括控件的名称和种类。

4.2.3 生成原型并在浏览器中查看

生成原型是指让 Axure RP 将我们在页面中的设计生成为 HTML 的页面，然后在浏览器中进行浏览。当需要生成项目的时候,在 Axure RP 软件的菜单栏中单击"发布"菜单,再在弹出的列表中选择"预览"按钮或直接按 F5 键即可。

 注意
如果使用Chrom浏览器进行预览不能直接运行Axure RP生成的项目时,则安装一下Axure RP Extension 0.5 for Chrome即可。

4.3 自制 iPhone 控件库

随着 iPhone 的火爆,开发 iPhone 应用的公司也越来越多。能够在 iPhone 上运营的应用五花八门、无奇不有,下面来详细讲解如何使用 Axure RP 软件制作 iPhone App 应用的部件模型。

 ### 4.3.1 iPhone背景部件

主要技能点:部件创建及属性调整、部件库创建

(1)准备一张如图 4-31 所示的 iPhone 素材图片。

 注意
这张图也可以从网上下载使用,只需去掉中间的部分即可。

(2)在部件库面板中单击"选项"按钮,如图 4-32 所示。

图 4-31 iPhone 素材图片

图 4-32 部件库面板中的"选项"按钮

（3）在弹出的下拉列表中选择"创建部件库"选项，如图 4-33 所示；在弹出的"保存 Axure RP 库"对话框的"文件名"文本框中输入 iPhone，单击"保存"按钮（如图 4-34 所示），会在部件面板中看到新创建的 iPhone 部件库，如图 4-35 所示，同时会打开如图 4-36 所示的另一个 Axure RP 窗口，用来编辑新的 iPhone 部件。

图 4-33　创建部件库

图 4-34　对新部件命名

图 4-35　iPhone 部件库

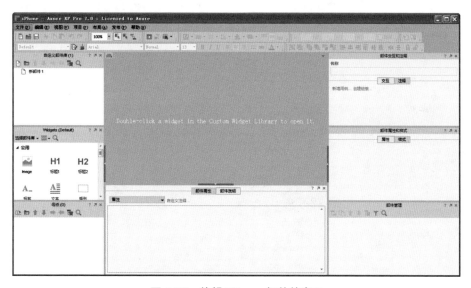

图 4-36　编辑 iPhone 部件的窗口

（4）在如图 **4-37** 所示的部件库区域中更改新部件名称为 background。

（5）双击 background 部件，向部件的页面中添加一个 Image 部件。再双击 Image 部件，添加设置好的 iPhone 素材，然后调整 Image 部件的坐标为 X：0、Y：0，如图 4-38 所示。

图 4-37　更改新部件名　　　　　　　　　　图 4-38　添加 Image 部件

（6）将新创建的 background 部件保存，然后回到 Axure RP 的项目窗口中，在部件库面板中看到的仍然如图 4-39 所示。

（7）再次单击部件库面板中的"选项"按钮，在弹出的下拉列表中选择"刷新部件库"选项，如图 4-40 所示。

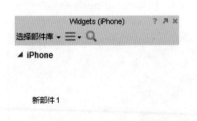

图 4-39　iPhone 部件库面板　　　　　　　图 4-40　部件库面板中的"选项"按钮

（8）刷新后即可看到刚才保存的 background 部件出现在了 iPhone 部件库中，如图 4-41 所示。

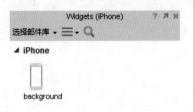

图 4-41　部件库面板中新创建的 background 部件

4.3.2 iPhone滑动开关部件

主要技能点：动态面板、添加事件、动态面板状态

案例预览效果：http://ffwosq.axshare.com

（1）在部件库区域创建一个新部件，命名为 Slide Button，在 Slide Button 的编辑窗口中创建一个尺寸为 W200、H100 的动态面板部件，并且为其添加两个状态：on、off，如图 4-42 所示。

（2）双击 on 状态，在其中添加一个尺寸为 W200、H100，填充颜色为绿色的圆角矩形，如图 4-43 所示；双击 off 状态，在其中添加一个尺寸为 W:200、H:100，填充颜色为灰色的圆角矩形，如图 4-44 所示。

图 4-42　动态面板的状态管理面板

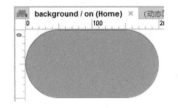

图 4-43　动态面板中的状态 on

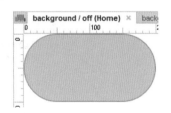

图 4-44　动态面板中的状态 off

▶▶ 经验总结

为矩形部件添加圆角效果的方法为：选中矩形部件，拖动部件左上角的黄色小三角调整圆角半径（如图 4-45 所示）或者到"部件属性和样式"面板中设置圆角半径（如图 4-46 所示）。

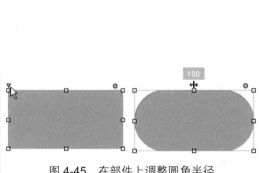

图 4-45　在部件上调整圆角半径

图 4-46　在"部件属性和样式"面板中设置圆角半径

（3）创建一个尺寸为 W:100、H:100 的动态面板部件，命名为 Slinder，并为其添加两个状态：on to off、off to on，然后在 on to off、off to on 状态中创建尺寸为 W:100、H:100 的灰色圆形控件并命名为 Button on 和 Button off，再调整动态面板 Slinder 至如图 4-47 所示的位置。

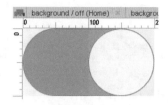

图 4-47　调整动态面板 Slinder 的位置

▶▶ 经验总结

创建圆形部件的方法为：创建矩形部件，在选中状态下右击，在弹出的快捷菜单中选择"选择形状"→"椭圆"选项，如图 4-48 所示。

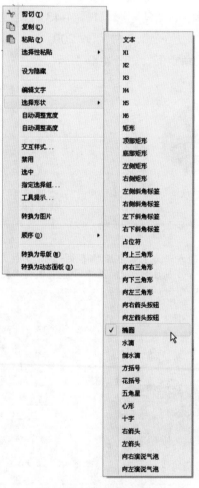

图 4-48　创建圆形部件

至此滑动开关的原型制作完毕，接下来为滑动开关添加交互事件。添加事件的方法为：选中要添加交互的控件，然后在"部件交互和注释"面板中双击事件名称，弹出如图 4-49 所示的"用例编辑器"对话框，在其中添加所需的动作并调整其属性。

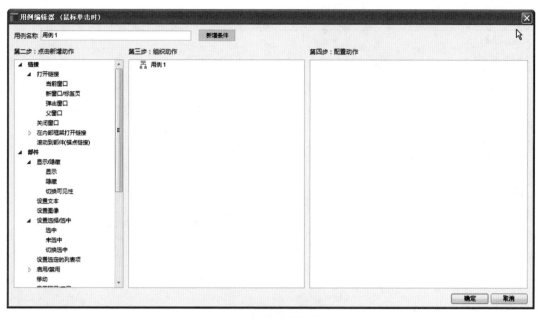

图 4-49　用例编辑器

（4）双击动态面板 Slinder，为 on to off 状态中的 Button on 按钮添加"鼠标单击时"事件，在弹出的"用例编辑器"对话框的"点击新增动作"列表中选择动作"移动"，在配置动作列表中设置属性，如图 4-50 所示。

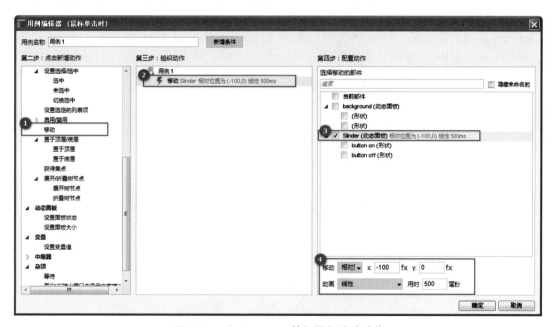

图 4-50　为 Button on 按钮添加移动动作

（5）在"用例编辑器"对话框中继续新增动作：选择动作"设置面板状态"，在配置动作列表中设置属性，如图 4-51 所示。

图 4-51　为 Button on 按钮添加移动动作

▶▶ 经验总结

　　添加移动动作是为了让 Button on 按钮实现向左滑动。这里需要注意的是，坐标默认向左移动为负值，向右移动为正值。设置动态面板状态是为了实现背景在开和关两个状态间切换。

（6）同样，双击动态面板 Slinder，为 off to on 状态中的 Button off 按钮添加"鼠标单击时"事件，如图 4-52 所示。

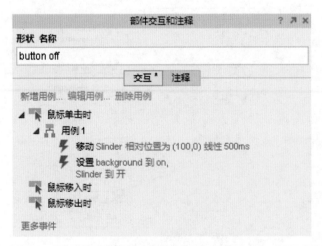

图 4-52　为 Button off 按钮添加移动动作

（7）按 F5 键预览，已经可以实现开关的效果了，但是还稍微有些生硬。这里需要分别对 on to off 状态中的 Button on 和 off to on 状态中的 Button off 按钮添加等待动作，设置等待时间为 500 毫秒（ms），如图 4-53 所示。至此"鼠标单击时"事件中的所有动作设置完毕。

图 4-53　鼠标单击时事件

注意　在Axure RP软件中，1000ms=1s。

（8）按 F5 键预览，在浏览器中可以看到这个部件已经可以很好地工作了。刷新部件库后即可看到刚才保存的 Slide Button 部件已经出现在其中，如图 4-54 所示。

图 4-54　部件库面板中新创建的部件

4.3.3　部件的重复使用

我们自己创建的部件库会以 .rplib 文件的形式存在。默认情况下，这个文件会存放于"我的文档 /Axure/Libraries"目录中。如果想在其他电脑的 Axure RP 软件中使用，需要将这个文件重新置入到新的 Axure RP 软件中，操作步骤为：在部件库面板中单击"选项"按钮，在弹出的下拉列表中选择"载入部件库"选项，如图 4-55 所示，找到自定义的部件文件，加载进来即可。

图 4-55　载入部件库

注意　自定义的部件要做好备份，以便再次使用。

参考视频
Axure 产品交互设计工具
基础操作（2）

4.4　首页幻灯轮播交互效果

幻灯轮播是一个非常常见的效果，基本所有的网站和移动应用上都会有这种幻灯效果。幻灯以一种很明显和优美的方式展现一个网站的产品和服务。一般来说幻灯会有 4 ～ 5 帧，并且会每隔几秒自动切换。也有通过点击实现切换效果的。

4.4.1　自动轮播效果

主要技能点：页面交互、设置面板状态

案例预览效果：http://a0e979.axshare.com

案例分析：通过浏览器预览时可以看到，页面中的画面在轮动切换，并且切换的同时图片上的数字也随之切换，当前图片对应的数字呈高亮显示。通过分析发现，可以把轮动切换的画面理解为动态面板不同状态间的切换。我们要做的就是控制这些状态自动切换且循环不停止。

案例实现思路：

（1）在 Home 页面中拖曳一个动态面板部件，命名为 Slides，尺寸为 W:810、H:480；为其添加 3 个状态，分别对应 Slides1、Slides2、Slides3，如图 4-56 所示。

图 4-56　Slides 动态面板的 3 个状态

（2）为状态面板 Slides 添加页面交互，在页面交互区双击"页面载入时"，在弹出的"用例编辑器"对话框中选择"设置面板状态"动作并设置属性，如图 4-57 所示。

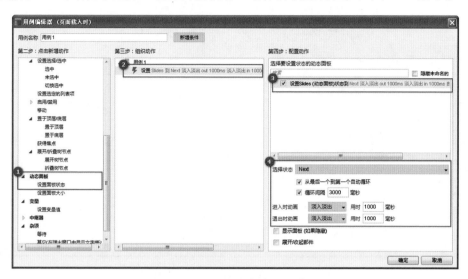

图 4-57　为 Slides 添加页面交互

在右侧的配置动作区域设置另外两个选项：进入时动画和退出时动画，它们的作用如下：

进入时动画：控制新状态是如何过渡进入视野的，有如下选项：

➢ 无：没有过渡，直接出现。

➢ 淡入淡出：淡入，可以设置在多长时间内淡入。

➢ 向右滑动：从左侧向右滑动进入，可以设置滑入的时间。

➢ 向左滑动：从右侧向左滑动进入，可以设置滑入的时间。

➢ 向上滑动：从下方向上滑动进入，可以设置滑入的时间。

➢ 向下滑动：从上方向下滑动进入，可以设置滑入的时间。

退出时动画：控制之前的旧状态是如何过渡移出视野的，也有同样的选项：

➢ 无：没有过渡，直接出现。

➢ 淡入淡出：淡入，可以设置在多长时间内淡入。

➢ 向右滑动：从左侧向右滑动进入，可以设置滑入的时间。

➢ 向左滑动：从右侧向左滑动进入，可以设置滑入的时间。

➢ 向上滑动：从下方向上滑动进入，可以设置滑入的时间。

➢ 向下滑动：从上方向下滑动进入，可以设置滑入的时间。

（3）按 F5 键预览，已经可以实现轮播效果了，但是在浏览器预览时发现幻灯不是从第一张开始轮播的，原因是页面在打开的过程中已经开始了轮播，这时就需要让幻灯在页面打开时稍作停留后再开始轮播。下面就处理这样的问题。

（4）在页面交互区双击"页面载入时"，在弹出的"用例编辑器"对话框中选择"等待"动作，如图 4-58 所示，调整事件顺序，如图 4-59 所示。

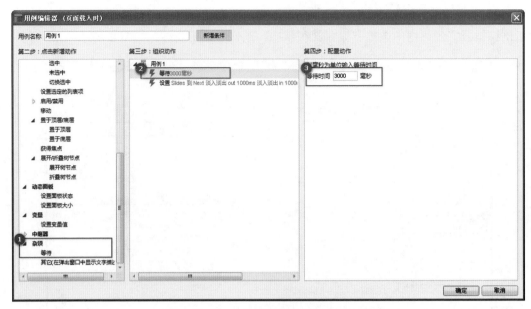

图 4-58 为 Slides 动态面板添加等待动作

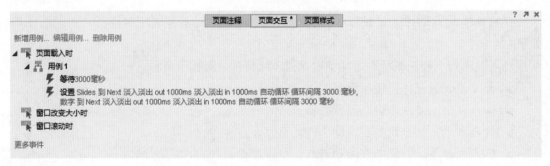

图 4-59 页面载入时事件

（5）参照前面的操作为轮播图添加轮播数字，完成幻灯轮播交互效果。

4.4.2 鼠标单击切换轮播效果

主要技能点：鼠标移入时、鼠标移出时、设置面板状态

案例预览效果：http://lzej22.axshare.com

案例分析：通过浏览器预览时当前页面除了自动轮播以外，用鼠标在页面中的 5 个小缩略图上进行悬停时上面的大图和文字就会进行切换。这个由鼠标悬停触发部件在多个状态之间切换的效果也是动态面板擅长完成的效果。

案例实现思路：

（1）在 Home 页面中拖曳一个动态面板部件，命名为 advertisement，尺寸为 W:590、H:250；为其添加 5 个状态，分别对应 ad.1、ad.2、ad.3、ad.4、ad.5，并分别添加图像素材，如图 4-60 所示。

图 4-60　advertisement 动态面板的 5 个状态

（2）再拖曳 5 个图像部件，分别命名为 thumbnail、thumbnai2、thumbnai3、thumbnai4 和 thumbnai5，并对 5 个图像部件添加图像素材，如图 4-61 所示。

图 4-61　为 5 个图像部件添加素材

（3）在"页面交互区"中添加"页面载入时"事件，如图 4-62 所示。

图 4-62　"页面载入时"事件

（4）按 F5 键预览，发现已经实现了广告图的自动轮播。但是我们最终要实现的效果是除了广告图自动轮播外，还要在鼠标在 5 个小缩略图上悬停时大图也跟着切换，鼠标从缩略图上移走后大图恢复到自动轮播。换成 Axure 语言来描述就是，我们要在 4 张小图上添加"鼠标移入时"事件和"鼠标移出时"事件，然后让这两个事件去切换广告面板的不同状态。

▶▶ 经验总结

　　"鼠标移入时"事件，顾名思义就是当鼠标悬停在目标上方的时候触发的事件，我们在网页中看到的大部分鼠标悬停事件都可以用它来处理。

（5）为 thumbnail1 图像部件添加"鼠标移入时"事件，如图 4-63 所示。

（6）为 thumbnail1 图像部件添加"鼠标移出时"事件，如图 4-64 所示。

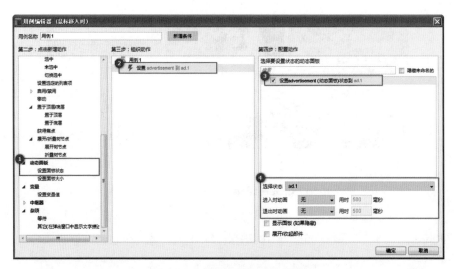

图 4-63　"鼠标移入时"事件

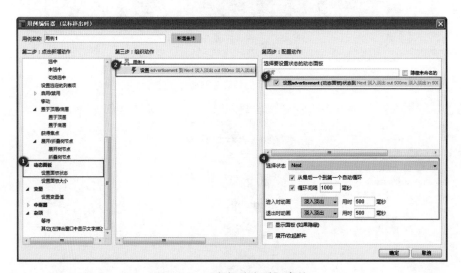

图 4-64　"鼠标移出时"事件

（7）依次为其余 4 个缩略图 thumbnai2、thumbnai3、thumbnai4 和 thumbnai5 添加鼠标移入和移出事件，然后按 F5 键测试一下，鼠标在 5 个缩略图上方悬停已经可以让广告自由切换了。

▶▶ 经验总结

动态面板常用事件：
➤ 状态改变时：由"设置面板状态"这个动作触发，该事件经常用来触发面板状态改变的一连串交互。
➤ 拖动时：由面板的"拖动"或者快速点击、拖、释放而触发，该事件通常用于 App 原型中的幻灯和导航。
➤ 滚动时：由动态面板滚动栏的滚动触发。要触发特定的滚动位置交互，可以添加条件。
➤ 改变大小时：由"设置面板尺寸"动作触发。
➤ 载入时：由页面初始加载动态面板时触发，可以使用此事件代替页面载入时事件。

4.5 网站首页全局导航交互

参考视频
Axure 产品交互设计工具
基础操作（3）

随着网站内容的逐渐增多，传统的一栏或双栏导航已经没有办法将所有内容都罗列出来了。因此现在很多网站，尤其是综合性的新闻和电子商务网站，都开始采用可伸缩的全局导航来帮助用户寻找到自己感兴趣的类目。可伸缩的意思就是当用户的鼠标在一级分类上悬停时一级分类下属的二级和三级分类就会显示出来，而当用户结束悬停后二级和三级分类就会缩起来，具体效果可以参见如下网站：

> 天猫商城：https://www.tmall.com。
> 京东商城：http://www.jd.com。
> 美团网：http://bj.meituan.com。

主要技能点：鼠标移入时、鼠标移出时、设置面板状态

案例预览效果：http://kvqvp2.axshare.com

案例分析：全局导航又称主导航，是页面上一组通用的导航元素，给用户提供最基本的访问和方向上的指引。全局导航常见的元素有 **Logo**、主导航条、实用工具（注册登录、回主页的窗口、搜索等）等。通过观察天猫商城、京东商城及美团网的全局导航发现：

> 鼠标指针移入任一菜单时，该菜单的样式发生变化，并且右侧显示与之对应的子菜单。
> 鼠标移入右侧子菜单时，左侧的菜单样式不变，鼠标指针移入右侧子菜单中的文字时文字颜色发生变化。
> 鼠标通过任意方向移入任意其他菜单时，原来显示的子菜单隐藏，与之对应的主菜单样式恢复为默认，而鼠标移入的新菜单发生上述两点中相同的变化。

其实，这个全局导航的实现方法也不止一种，这里我们学习一种最高效的方法。

案例实现思路：

（1）根据上面的分析可将全局导航分为 A、B 两个区域，A 区为一级分类区，B 区为二级分类区，如图 4-65 所示。

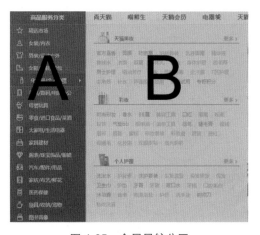

图 4-65 全局导航分区

（2）使用动态面板部件、矩形部件、图像部件和标签部件来实现全局导航区的线框图，如图 4-66 所示。

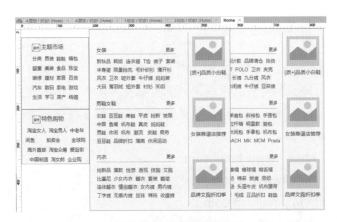

图 4-66　全局导航线框图

　A区分为"主题市场（Subject1）"动态面板和"特色市场（feature1）"动态面板，B区分为"主题市场（Subject2）"动态面板和"特色市场（feature2）"动态面板。

（3）选中 B 区的两个动态面板并右击，在弹出的快捷菜单中选择"设为隐藏"选项（如图 4-67 所示）将 B 区的线框部件隐藏，如图 4-68 所示。

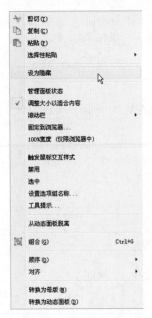

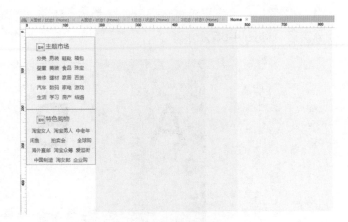

图 4-67　右键快捷菜单　　　　　图 4-68　设为隐藏的 B 区

（4）现在准备工作完毕，接下来给菜单按钮添加交互。选中 A 区中的"主题市场（Subject1）"动态面板和"特色市场（feature1）"动态面板并右击，在弹出的快捷菜单

中选择"设置选项组名称"选项（如图 **4-69** 所示），在弹出的对话框中输入选项组名称
menu。

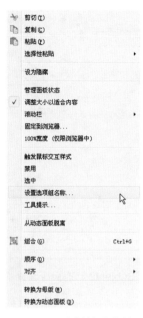

图 4-69　右键快捷菜单

（5）选中 A 区中的"主题市场"动态面板，为其添加"鼠标移入时"事件，在弹出的"用
例编辑器"对话框中新增动作"选中"，在右侧的配置动作中勾选 Subject2 动态面板，设
置其选定状态值为"真"，如图 **4-70** 所示。

图 4-70　为 Subject2 动态面板设置"选中"动作

（6）继续在"用例编辑器"对话框中新增动作"显示/隐藏"，在右侧的配置动作中
将 Subject2 动态面板设置为"显示"，在"更多选项"右侧的下拉列表框中选择"弹出效果"，
如图 **4-71** 所示。

图 4-71　为 Subject2 动态面板设置"显示"动作

▶▶ 经验总结

> 弹出效果的原理是它将会在部件范围上创建一层不可见区域,当鼠标移动到该区域时显示指定的隐藏部件,当鼠标离开时部件恢复隐藏。

（7）继续选中 A 区中"特色市场（**feature2**）"动态面板,并按照步骤（4）和（5）的方法为其添加"鼠标移入时"事件,参数设置如图 **4-72** 和图 **4-73** 所示。

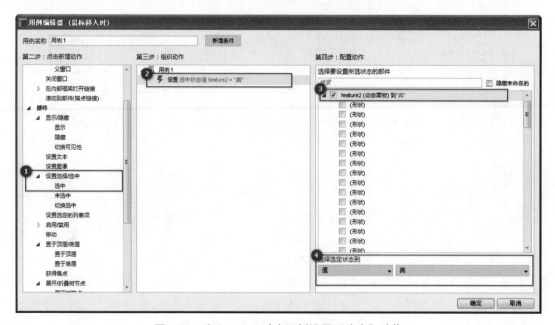

图 4-72　为 feature2 动态面板设置"选中"动作

图 4-73　为 feature2 动态面板设置"显示"动作

▶▶ 经验总结

　　交互事件中，所有的用例都可以复制并粘贴到新的事件中。

　　按 F5 键预览交互效果。发现在预览时当鼠标指针移出任意菜单或子菜单后主导航菜单并没有变回默认样式，而是显示鼠标悬停时的样式。通过分析得知，当鼠标移出任意主菜单或任意子菜单范围时，当前显示的子菜单都会隐藏，所以我们可以使用子菜单的隐藏事件来触发，设置主菜单为"未选中"。

　　由于目前设计区域中的子菜单动态面板很多层都叠在一起，我们可以通过部件管理面板来过滤并选择想要操作的部件。

　　（8）选中 Subject1 动态面板，然后在部件交互面板中点击更多事件，在下拉列表中选择"隐藏"，在弹出的"用例编辑器"对话框中新增动作"未选中"，在右侧的配置动作中勾选 Subject2 动态面板，设置其选定状态值为"假"，如图 4-74 所示。

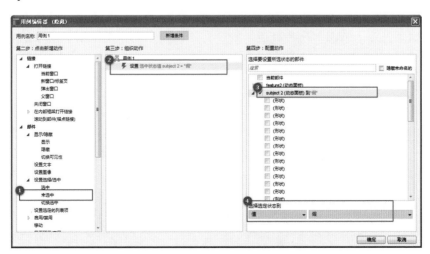

图 4-74　为 Subject1 动态面板隐藏事件添加"未选中"动作

（9）在部件交互面板中复制 Subject2 动态面板隐藏事件给"特色市场（feature1）"动态面板，调整相关参数，如图 4-75 所示。

图 4-75　为 feature1 动态面板隐藏事件添加"未选中"动作

按 F5 键预览，全局导航的菜单弹出和隐藏效果已经实现，这时我们来处理细节，当鼠标移动到任意菜单的文字上时文字发生颜色变化。这里还是需要用鼠标悬停事件来实现这个效果。

鼠标悬停事件可以由以下 3 个方法来实现：

➤ 使用动态面板：例如在状态 1 中设置背景色为红色，在状态 2 中设置背景色为绿色，然后在"鼠标移入时"事件（on MouseEnter）中让面板的状态发生改变。

➤ 使用图像部件：图像部件有几个特殊的效果，其中一个就是允许用户在鼠标悬停时指定另外一张图片来代替当前的图片。也可以制作两张图片切换的效果。一个图像部件可以承载 5 张图片，一张是正常的时候显示的，一张是鼠标悬停的时候显示的，一张是鼠标悬停然后按下的时候显示的，一张是部件被选中的时候显示的，一张是部件被禁用之后显示的。

➤ 使用矩形部件：矩形部件允许在正常的时候有一个样式，而在鼠标悬停的时候指定另外一个样式，如改变背景颜色、边框颜色、边框的宽度、文字颜色等。

下面我们来用第三种方法实现鼠标悬停的效果。

（10）选中 A 区 subject1 面板中的第一行文字，然后在"部件属性和样式"面板中选择"鼠标悬停时"，在弹出的"设置交互样式"面板中更改字体颜色和填充颜色，如图 4-76 所示。

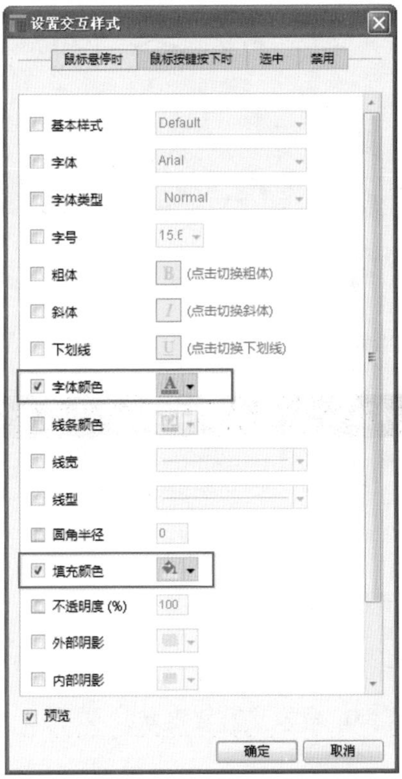

图 4-76　文字交互样式设置

按 F5 键预览效果，预览地址：http://kvqvp2.axshare.com。

注意　　这个案例使用了效率极高的方法来实现全局交互效果，需要注意的知识点有以下3个：
- ➤ 将一级菜单指定为选项组。
- ➤ 显示子菜单时使用弹出效果。
- ➤ 子菜单的"隐藏"事件。

实 战 案 例

实战案例 1——iPhone 状态栏

描述需求

自制 iPhone 手机状态栏控件，完成效果如图 4-77 所示。

图 4-77　iPhone 手机状态栏效果

技能要点

部件创建及属性调整、部件库创建。

实现思路

➢ Axure RP 中的矩形部件可自定义选择形状。

➢ 对细节进行调整。

难点提示

➢ iPhone 手机的状态栏高度为 20，视网膜技术下状态栏高度为 40。

实战案例 2——iPhone 控制面板

描述需求

自制 iPhone 手机控制面板控件，要保证控制面板中的按钮可点击且有明显变化。

完成效果

http://2z1x5d.axshare.com

技能要点

部件创建及属性调整、动态面板、鼠标单击时。

实现思路

➢ 绘制 iPhone 控制面板线框图。

➢ 为部件添加交互效果。

难点提示

➤ 选中动态面板并右击，在弹出的快捷菜单中选择"从动态面板中脱离"选项，可以将部件从动态面板中脱离出来。

实战案例 3——Banner 轮播点击切换

描述需求

轮播的画面默认情况下自动切换，鼠标点击轮播的画面可切换下一个轮播画面。

完成效果

http://rvfhwt.axshare.com

技能要点

动态面板、鼠标点击时、页面载入时。

实现思路

➤ 绘制 iPhone 控制面板线框图。

➤ 添加"页面载入时"事件。

➤ 添加"鼠标单击时"事件。

难点提示

➤ 轮播画面的切换是依靠设置动态面板状态来实现的，并且可以通过调节"进入时动画"和"退出时动画"来实现不同的切换效果。

本 章 总 结

- 本章学习了原型的相关理论知识及 Axure RP 软件的基本操作。
- 通过案例操作，我们发现 Axure RP 软件制作原型时除了要掌握基础知识外，分析每个部件之间的相互关联与影响也是十分重要的，这有助于帮助我们顺利高效地制作出想要的交互效果。
- 同一个交互效果可以有不同的实现方式，可以通过深入的分析思考来找到最优的实现方法。

学习笔记

本章作业

选择题

1. 在使用Axure进行原型设计创建新项目时默认格式为（   ）。
   A. .rplib文件   B. .rp文件
   C. .rpprj文件   D. .prj文件

2. （   ）用来增加、删除和组织管理原型中的页面。
   A. 部件面板
   B. 母版面板
   C. 站点地图
   D. 部件管理面板

3. 下列选项中，用于在页面中让用户从一些值中进行选择而不是随意输入的部件是（   ）。
   A. 下拉列表框   B. 复选框
   C. 文本框（单行）   D. 标签

4. 下列选项中，不属于母版可以设置的行为的是（   ）。
   A. 任何位置
   B. 唯一指定位置
   C. 锁定到母版中的位置
   D. 从母版脱离

5. 下列选项中，用来设置部件的形状、对其禁用还是启用、选择组、工具提示、填充颜色等内容的是（   ）。
   A. 部件交互和注释
   B. 部件管理
   C. 页面设置区
   D. 部件属性和样式

简答题

1. 简述低保真原型、高保真原型、视觉效果图的区别。
2. 制作如图4-78所示的"美团网"网站首屏高保真交互原型，页面交互效果详见：http://bj.meituan.com/。

Axure 互联网应用交互基础

图 4-78　美团网首屏

▶▶ 作业讨论区

访问课工场 UI/UE 学院：kgc.cn/uiue（教材版块），欢迎在这里提交作业或提出问题，你将有机会跟课工场的专家以及共同学习本书的小伙伴一起探讨切磋！

第**5**章

移动端运动社交应用项目设计

● **本章目标**

完成本章内容以后，您将：

▶ 了解移动端运动社交类应用项目需求。

▶ 熟悉移动端运动社交类应用项目需求分析方法。

▶ 掌握移动应用常见的Axure交互原型设计技巧。

● **本章素材下载**

▶ 请访问课工场UI/UE学院：kgc.cn/uiue
（教材版块）下载本章需要的案例素材。

▦ 本章简介

　　设计一个移动应用，应该如何入手？用什么软件？看些什么资料？当我们真正面对一个成熟的应用设想或一个实实在在的项目时，需要考虑的不是上面的问题，而是要在什么平台运营？在什么设备上安装等。本章将从移动应用设备的应用特点出发，引领大家由浅入深地进行运动社交移动应用的交互设计（如图 5-1 所示），以逐步成为拥有创新意识和专业理念的设计师。

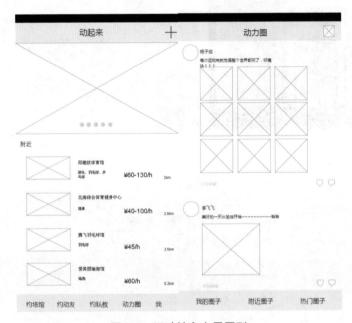

图 5-1　运动社交应用原型

5.1　项目需求概述

　　某互联网公司，欲开发一款根据个体情况解决个人运动、健康方案的健康资源整合运动社交平台，该平台提供线上约教练、约动友、约运动场馆等服务，并根据各人不同的身体状况给出个性化健康处方。

5.1.1　支持平台

　　该平台同时支持 iOS 系统和 Android（安卓）系统。

5.1.2　目标用户

　　主要集中在 12 ～ 45 岁人群。

5.1.3 主要功能

约私教：预约附近的私教一起运动。

约动友：参加动友邀约和发起邀约。

约场馆：可以提前预约想要去的场馆。

动力圈：用户可以通过动力圈发表文字图片，其好友能够对他所发的消息"点赞"或者评论，并且用户能与之互动。

动力产品：为用户提供的相关运动产品。

私教团购：用户可以选择一起团购私教服务。

要注意各个平台的尺寸以及交互的适配。

5.2 理论概要

参考视频
移动应用交互设计

在"互联网 +"时代我们的设计针对的是移动设备，所以能够发挥和展现自己才华的舞台很有限。由于移动设备自身的特殊性，给我们的设计工作带来了各种各样的限制，常见的 iOS 和 Android 平台也存在着各自的特点，因此我们需要全面地了解这两大主流平台移动设备的种类、特点、规格和差异。

 ### 5.2.1 移动设备的种类

我们的设计主要是针对新型的智能移动设备，也就是大家所熟知的采用触摸技术的智能手机和平板电脑。它们通常都具备相应的硬件和功能，必须具备 Wi-Fi 无线网络功能、内部存储功能、单点或多点触控屏幕、声音播放器、麦克风、耳机插口和数据传输功能。而普遍的移动设备一般还具有摄像头（包括前置和后置两个摄像头）、闪光灯、GPS 卫星定位、蓝牙、重力感应功能、光线传感器、距离感应等。这些硬件和功能对应用开发来说至关重要，因此需要在设计之初就加以了解。

旧式的采用物理按键或者手写笔操作方式的手机不在本书的研究范围之内。

移动设备主要分为两大类：手机和平板电脑，如图 5-2 所示，它们最主要的区别是屏幕大小和是否具备通话功能。手机的功能以打电话为主，随着手机的不断发展，发信息、微信、玩游戏、看电影、购物等功能也都发展了起来，使手机的功能更加多元化。功能是否齐全、能否兼容更多的应用成为手机的主要卖点。平板电脑是为了使用各种移动应用而衍生出来的，特点是屏幕大，多点触控操作比较灵活，更适合工作、娱乐、学习。

图 5-2　手机与平板电脑

 5.2.2　移动设备的规格和像素尺寸

　　手机的大小规格相对固定，一般是根据单手持握的舒适度来设计的。平板电脑一般设计成书本的大小（一般大的 **16K** 杂志大小，小的 **32K** 本大小）。关于移动设备的规格尺寸无须过多了解，需要重点了解的是移动设备屏幕的像素尺寸。

　　iOS 系统的移动设备的屏幕像素尺寸如图 **5-3** 所示。

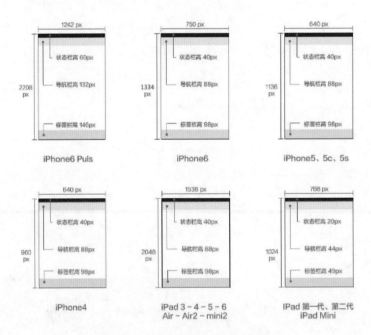

图 5-3　iOS 平台移动设备的像素尺寸

 　　iOS系统的手机比较规范、严谨，因此在针对iOS系统进行产品设计时需要严格按照尺寸和规范来设计。

　　相对 iOS 系统而言，Android 系统产品的生产厂商众多，导致种类繁多，既没有统一的规格和样式,也没有太统一的屏幕尺寸,同时允许控件高度支持自定义(如图 5-4 所示),但是也可以归纳出如图 5-5 所示的像素尺寸标准。

移动端运动社交应用项目设计

第 1 章
第 2 章
第 3 章
第 4 章
第 5 章
第 6 章

图 5-4 Android 平台众多的移动设备

设备	屏幕大小	状态栏	导航栏	标签栏
XHdpi	720x1280	50	96	96
XXHpid	1080x1920	75	144	144

图 5-5 Android 平台的常见像素尺寸

 经验总结

　　图像的像素大小是可以根据尺寸兼容的,在绘图软件中设计制作出来的图像如果偏大,那么载入到移动设备中时会被缩小,它的清晰度不会损失;如果图像偏小,载入到高清屏幕上时就会被抻开放大,这时图像就会变模糊,显得很粗糙。因此,在设计之前最好先了解好自己的应用会在什么样的设备上运行和使用,尽量按照最大的屏幕像素尺寸生成文件,这样才能适应各种移动设备的屏幕显示效果。

5.2.3 移动设备的使用方法

　　iOS 系统和 Android 系统的移动设备在使用方法上有所不同,先来了解一下移动设备上操作按键的类型,也就是我们常见的物理键、触摸键和虚拟键,如图 5-6 所示。物理键是通过手指的按压可以按下并弹起的按键,如 iOS 系统手机和 Android 手机的 Home 键;触摸键是一般状态下以高亮显示,通过手指的触摸可以执行操作的按键;虚拟键是在触摸屏上根据应用程序的功能要求随机出现,通过点击触摸屏来达到操作目的的按键。

图 5-6　移动设备的 3 种按键

▶▶ **经验总结**

①两大系统的移动设备都有 Home 键,并把它作为重要的核心功能,即在任何状态按下都会回到启动界面。但是 iOS 系统手机的 Home 键有些特殊,如果已经处在系统首页,按下 Home 键则会打开搜索功能;在任何状态下,连续按两次 Home 键都可以浏览后台挂起和最近打开的应用程序。

② Android 系统的移动设备大多保留了"返回键"功能,因此在设计这个应用程序原型时无须考虑设置页面导航的返回控件。而 iOS 系统手机由于没有设置"返回键",因此在设计应用原型的导航时必须充分考虑到页面跳转和返回主页的方式。

5.2.4　移动设备的手指操作特点

无论是操作手机还是平板电脑,拇指都是首选的操作工具,我们在操作手机设备时大多数情况下还是喜欢单手操作的,因此你的移动应用是否好用,很关键的一点就是它是否适合单手操作。右手拇指单手屏幕点击舒适度热区图如图 5-7 所示,根据色彩我们可以体会拇指在手机屏幕上点击、滑动时的舒适度,绿色部分是拇指最容易点击的区域,橙色其次;由于拇指长度的限制,因此左侧的区域点击起来相对比较放松,而顶部和右下角是最难点击的区域。

图 5-7　移动设备的单手操作热区图

了解拇指点击舒适度的屏幕区域划分对应用界面的布局安排是非常有意义的。经常点击的或者相对重要的控件要尽量安置在拇指易于点击的区域，而有危险性的操作（比如删除或者编辑）或者不易被使用的控件可以安置在相对难点击的区域。

通过拇指的舒适度区域分布对不同系统的应用程序进行了测试，iOS 系统的原生邮件应用，"取消"和"发送"这种比较危险的操作放置在了难以点击的区域，而虚拟键盘则放置在了极易点击的区域，如图 5-8 所示。

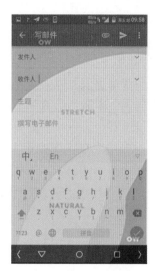

图 5-8 iOS 平台的原生邮件应用（左）和 Android 平台的原生邮件应用（右）

注意

在移动应用的界面中，应该把导航栏和菜单栏放置在界面的底部。

手机设备上的应用并不都受单手操作的束缚，很多应用或游戏都是基于双手操作而开发的。在横屏模式下，要求我们的双手共同参与屏幕操作，这样就不再受拇指灵活度的限制。和手机设备相比，平板电脑的操作则绝大多数都必须由双手进行。比如在行走或坐卧过程中，大部分时间都是需要双手持握的，当然也不排除特殊情况下可以暂时单手操作。在双手操作时，两个拇指已然成为最首选的操作工具，双手拇指的舒适度区域划分如图 5-9 所示。

图 5-9 双手拇指屏幕点击舒适度热区图

通过测试得出，无论我们使用单手操作还是双手操作，对使用各种"手势"的技巧必须熟悉。下面就来了解一下单手指手势（单手操作可以实现）和多手指手势（需要双手操作实现）。

 注意　这里仅介绍一些移动设备中比较常见的手势，更多手势可以通过自己的实践来发现。

1. 单手指手势

单手指手势的特点如下：

➤ 横向滑动：一般情况下可以实现左右翻页浏览。同时，在 iOS 平台的部分应用中，可以通过横向滑动来激活列表项目的选项，标准模式下为"删除"选项，如图 5-10 所示，产品设计者也可以根据需要定义或增加其他选项。

➤ 纵向滑动：一般情况下可以实现上下翻页浏览。在绝大部分的应用中，当滑动到顶端时会自动转换为"刷新"功能，如图 5-11 所示。

图 5-10　iOS 平台的"邮箱"横向滑动手势　　图 5-11　iOS 平台的"邮箱"纵向滑动手势

➤ 双击：一般情况下可以实现局部放大，主要针对地图工具和图像浏览功能。在图片浏览器中除了局部放大外，还可以通过双击来还原成满屏大小显示。

➤ 长按：长按会激活文本复制和段落选择的功能，并在输入模式下激活粘贴功能。在 iOS 平台的浏览器及文本工具中，长按还可以激活"局部放大镜"；在 Android 平台中，长按可以激活列表项目的选项菜单，通常包括删除、复制、选择和收藏等，如图 5-12 所示。

图 5-12　Android 平台的长按手势

➤ 长按拖动：一般情况下可以实现对图标、标签、卡片等的移动。

2. 多手指手势

多手指手势的特点如下：

➤ "捏"和"抻"。这是一个需要两个手指完成的手势，主要起到缩小和放大的作用。

➤ "抓"和"放"。这个功能只有在 iPad 中才可以使用，它需要 5 个手指同时使用。
"抓"是指 5 个手指在屏幕上向中心同时聚拢，可以起到快速关闭或退出应用的作用；"放"则反过来，5 个手指从中心同时展开，可激活最近打开的应用程序。

 经验总结

　　了解各种标准手势对设计的布局安排与控件设置也很有帮助，很多功能或控件可以简化或去掉。比如，由于使用"捏"和"抻"的手势进行缩放大家都十分熟悉了，所以在设计与图片浏览相关的应用时就不必设置缩放功能的控件了。

5.2.5　移动设备的指尖密码

　　移动设备上的每一个点击目标都是为了指尖的触摸而存在的，因此应用界面的布局安排和控件设置应该细心地去迎合指尖的大小来设计。下面就来深入了解一下手指与应用界面之间的互动，分析手指的点击与控件大小之间的关系。

　　先来了解一下 iOS 平台对指尖的定义标准。苹果公司把这个区域定义为 44 点，大约 7 毫米。在早期的屏幕分辨率中，一个点代表一个像素。在视网膜屏幕分辨率下，一个点包含横向和纵向两个像素，这个高度就成为了 88 像素。在 iOS 平台的移动设备上，标准列表、虚拟键盘、导航栏、标签栏和列表项目均设置 44 点的高度，这已经成为 iOS 平台界面的设计规律，如图 5-13 所示。

图 5-13 iOS 平台基于指尖尺寸的界面设计规律

>> 经验总结

点击的最小宽度一般没有固定尺寸，但是我们可以观察一下虚拟键盘的按键宽度，大小是 30 点，因此可以把它设为点击区域的最小标准，当然并不是一定要设置宽度为 30 点，而是不小于 30 点即可。

Android 平台也有一个根据指尖大小计算出来的基础单位，尺寸是 48 点，大约 9 毫米，如图 5-14 所示。由于 Android 平台的移动设备种类繁多，所以这个尺寸会有变化，但是不小于 7 毫米。

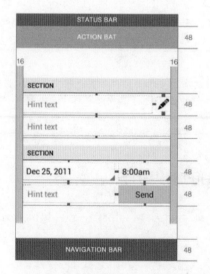

图 5-14 Android 平台基于指尖尺寸的界面设计规律

另外 Android 平台的尺寸规范在细节上还有更进一步的要求，即每个界面元素之间要留有 8 像素的空间间隙。这样的设计使得用户的指尖点击和触摸界面时更加容易、舒适。

5.2.6 应用程序的导航

在 Web 网页设计中，为了防止用户在浏览网页时迷失在众多网页中，会采用一种叫做"面包屑导航"的设计方式。如今，面包屑导航在移动应用设计中是非常重要的导航模式。下面就来了解 iOS 平台和 Android 平台独特的导航模式。

1. iOS 系统应用的导航模式

iOS 系统应用可选择的导航模式有以下 3 种：

➢ 平铺导航模式。这种导航在应用的内容组织上没有层次关系，需要展示的内容都放置在同一个大屏幕上，通过分屏控件或分页控件实现，可以左右或者上下滑动屏幕来查看内容。

  ◆ 分屏控件的导航实现：分屏控件是 iOS 的标准控件，主要作用就是将一个大的屏幕分成几个小的标准屏幕来显示。一般情况下，会在屏幕下面出现一排小圆点。如果分成两个屏幕，就会显示两个小圆点，其中高亮显示的小圆点是当前屏幕，如图 5-15 所示。实现分屏控件的手势有两种：一种是点击小圆点实现翻屏，另一种是用手在屏幕上滑动实现翻屏。

图 5-15　基于分屏控件的导航

分屏控件的小圆点应该限制在20个以内，超过20个就会溢出。一般超过5个就会觉得操作很不方便了。

  ◆ 分页控件的导航实现：分页控件主要用于电子书和电子杂志的导航，特点是以翻书的动画效果呈现页面跳转。一些辅助功能按钮一般放置于界面顶部，并可根据实际情况隐藏，在 iPad 中分页控件可以双页显示，如图 5-16 所示。平铺导航也有一定的弊端，主要是页面之间的直接切换不方便。有时会添加一些辅助工具栏，如页面下部添加的可拖动的滑块，通过拖拽滑块可以快速地在页面之间切换。

➢ 标签导航模式：由于平铺导航在页面之间直接切换不是很方便，内容层次结构也比较简单，所以对于功能或信息较丰富的应用可以使用标签导航。在标签导航中，每个标签代表一个功能模块，各功能模块之间是相对独立的。如图 5-17 所示为 iPhone 自带的时钟应用，上面有 4 个标签：世界时钟、闹钟、秒表和计时器，每个标签对应的功能都与时钟有关，但是彼此之间相互独立、各不相干。在 iOS 标签导航模式中，苹果公司对标签栏的使用有一些指导性的原则：①标签栏应该位于屏幕的下方，占 49 点的屏幕空间，有时可以隐藏起来；②为了点击方便，标签栏中的标签不能超过 5 个，如果需要分类的项目较多，可以把最后一个标签设置成"更多"，这样可以通过点击"更多"标签来展现更多的列表，如图 5-18 所示。

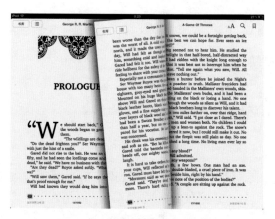

图 5-16　iPad 上的电子书页面

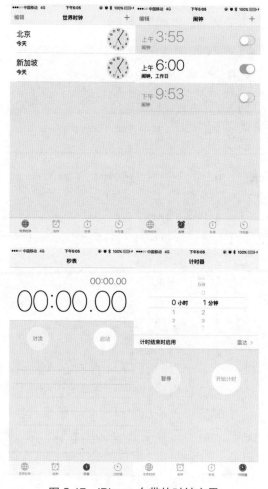

图 5-17　iPhone 自带的时钟应用

图 5-18　超过 5 个标签的显示方法

> 树形结构导航模式：主要用于构建有从属关系的导航。树形结构导航层次可以无限深，但不建议超过 4 层。iPhone 自带的"邮件"应用采用的就是树形结构导航，所有界面的顶部都有一个导航栏，如图 5-19 所示是树形结构的"树根"，称为"根视图"；如图 5-20 所示是二级视图，也就是"树干"；如图 5-21 所示是三级视图，也就是"树叶"。"树干"和"树叶"采用标示图，因为标示图在分层组织信息方面的优势很突出。

图 5-19　iPhone 自带"邮件"应用的"树根"

图 5-20　iPhone 自带"邮件"应用的"树干"　　图 5-21　iPhone 自带"邮件"应用的"树叶"

树形结构导航在 **iPhone** 和 **iPad** 设备下的展示方式有很大的区别，如图 **5-22** 所示的是 iPad 自带的"邮件"应用的横屏显示模式。由于 iPad 屏幕比较大，横屏模式下会分栏显示，使用的控件是"分栏视图"。"分栏视图"是 iPad 特有的视图，专为树形结构导航而设计，它不需要界面的切换就可以展示更多的信息。如图 **5-23** 所示，iPad 中的分栏视图在竖屏时左侧的导航列表会隐藏起来，点击左上角的"收件箱"按钮后会漂浮在界面中。

图 5-22　iPad 上"邮件"应用的横屏显示模式

图 5-23　iPad 上"邮件"应用的竖屏显示模式

2. 模态视图

在导航过程中，有的时候需要暂时放弃主要任务转而去做一些次要任务，完成次要任务之后要再回到主要任务上。这个"次要任务"就是在"模态视图"中完成的。例如在

iPhone 自带的"邮件"应用中，主要任务是"接收邮件"→"查看邮件"，在这个过程中用户很有可能需要撰写新邮件，此时"撰写邮件"就成了次要任务，当用户把邮件撰写完成后，就会关闭"新邮件"视图，回到"查看邮件"视图继续进行主要任务。模态视图默认情况下从屏幕下方滑出来。完成任务后，需要关闭这个模态视图，如果不关闭就无法做别的事情，这就是"模态"的含义，因此模态视图中一定要有确定任务和取消任务两个按钮，如图 5-24 所示。

3. Android 系统应用的导航模式

Android 系统应用的导航模式有两种：标签导航和树形结构导航。

如图 5-25 所示是 Android 自带的通讯录应用，这个应用采用标签导航模式。应用主要包含两个与通讯录相关的界面：收藏和所有联系人，当前界面的标签下会有一个白色的粗横线。

图 5-24　iPhone 上"邮件"应用的模态视图　　　图 5-25　Android 原生的通讯录应用

　由于一些厂商自定义Android系统，因此拨号应用也会稍有不同，有蓝色横线的，也有白色圆点的。如图5-25所示为Google手机Android 5.1新版原生拨号应用。

如图 5-26 所示是 Android 自带的邮件应用，这个应用采用的是树形结构导航。Android 树形结构导航的缺点与 iOS 是一样的，在二级、三级这些子视图之间切换很麻烦，必须逐级返回到一级视图，再逐级进入到其他子视图。在 iOS 树形结构导航中，苹果官方没有给出有效的解决方案。而 Android 却有比较好的解决方案，在操作栏控件中可以添加下拉列表控件，如图 5-26 所示，通过该控件可以直接切换到其他子视图。

图 5-26   Android 系统原生的"邮件"应用

 注意   无论是布局方式还是导航方式,Android应用都可以说是"百花齐放"。但是在Android 4之后,推出了一套完整的带有自己鲜明个性的设计规范。

5.2.7   各种"栏"的设计规范

从桌面应用到移动平台应用,各种各样的"栏"出现在了我们的应用中,有状态栏、菜单栏、工具栏、导航栏、标签栏、操作栏和搜索栏等。

1. 状态栏

状态栏一般出现在屏幕顶部,如图 5-27 所示,包含诸如网络情况、时间、电量、信号强度、通知等非常重要的信息。iOS 平台的状态栏有固定的高度 20 点,而对 Android 系统而言,状态栏的高度不固定,240×320 的屏幕状态栏的高度为 20 像素,320×480 的屏幕状态栏的高度为 25 像素,480×800 的屏幕状态栏的高度为 38 像素。

图 5-27   不同平台手机中的状态栏

2. iOS 中的工具栏、导航栏和标签栏

iOS 平台有 3 个最常用的"栏",即工具栏、导航栏和标签栏。工具栏和导航栏的高度是一样的,都是 44 点,而标签栏的高度是 49 点。

（1）工具栏。

主要用于当前屏幕中的操作处理，没有导航和屏幕跳转功能。在 **iPhone** 中，工具栏一般在屏幕底部，如图 **5-28** 所示；在 **iPad** 中，工具栏一般在屏幕顶部，如图 **5-29** 所示。

图 5-28　iPhone 自带"邮件"应用的工具栏　　　　图 5-29　iPad"邮件"应用的状态栏

（2）导航栏。

在 **iOS** 中导航栏位于屏幕顶部，分为左、中、右 **3** 个区域，左右区域放置控件，中间区域一般是标题。导航栏主要应用于树形结构导航和模态视图中。在树形结构导航中，导航栏如图 **5-30** 所示。

图 5-30　iOS 树形结构导航中的导航栏

▶▶ 经验总结

在一级视图界面中，导航栏一般不要设置左右控件，只有标题就可以了。而在二、三级视图界面中，左边的按钮必须是返回上一级按钮，不要挪作他用，而右边的控件则是与当前界面相关的操作。

模态视图的导航栏如图 5-31 所示，这种视图中左边需要一个取消操作的按钮，没有这个按钮用户无法关闭模态视图，右边需要一个确定操作的按钮。

（3）标签栏。

iOS 的标签栏位于屏幕底部，用途是实现标签导航以及应用中功能模块的切换，不应该用于其他的目的。如图 5-32 所示为 iPhone 应用的标签栏。

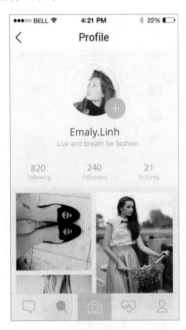

图 5-31　iPhone 模态视图的导航栏　　　　图 5-32　iPhone 应用的标签栏

▶▶ 经验总结

工具栏和标签栏的区别：工具栏关注的是当前界面的操作，它的操作按钮中不能有屏幕的切换；标签栏关注的是整体导航，有屏幕的切换。此外，标签栏不能出现在模态视图中。在 iPhone 中，如果同时需要工具栏和标签栏，那么受屏幕大小的限制最好适时地隐藏标签栏。

3. Android 中的操作栏和菜单栏

在 Android 中完成导航和操作处理等工作可以由操作栏和菜单栏实现，其中操作栏是非常复杂且功能强大的"栏"。

（1）操作栏。

操作栏起到导航、切换视图和操作菜单等作用，其上有应用图标、下拉列表控件（用来快速切换视图）和溢出（更多）按钮，如图 5-33 所示。

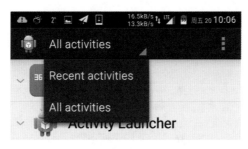

图 5-33　Android 基本的操作栏构成

注意　Android 5.1新应用将左侧的应用图标改为侧边栏，如图5-34所示。

图 5-34　Android 5.1 的侧边栏

（2）菜单栏。

菜单主要有两种：上下文菜单和弹出菜单。上下文菜单是用户在选择了列表视图中的一个项目后出现的菜单，菜单的内容是针对该项目的操作。如图 5-35 所示为浮动上下文菜单。

弹出菜单是针对当前视图的操作，它的弹出带有锚点，指向触发它的按钮。如图 5-36 所示，在 Android 5.0 版本新规范中展示了应用的弹出菜单，用户通过点击"溢出"按钮将在界面中弹出菜单并遮盖部分菜单栏。

图 5-35　Android 中的上下文菜单

图 5-36　Android 中的弹出菜单

4．iOS 平台中的对话框

iOS 平台中的对话框有 3 种视图形式：警告框、操作表和分享列表。

（1）警告框。

警告框是用来给用户提示信息或者让用户进行选择的对话框。警告框至少有一个按钮，没有按钮的警告框会让用户无所适从。在一个按钮的情况下，它的作用是提示用户。使用一个按钮的警告框时一定要慎重。警告框是一种非常强势的对话框，不管用户在做什么，它都会弹出并显示在屏幕中央，这样的用户体验非常不好，如图 5-37 所示，应用的版本升级只有一个按钮，会造成用户在使用的时候不知所措。如图 5-38 所示为有两个按钮的警告框，可以让用户选择并确认，会增强用户的友好度。

图 5-37　iPhone 中只有一个按钮的警告框　　　　图 5-38　iPhone 中有两个按钮的警告框

▶ 经验总结

> 　　有两个按钮的警告框中，按钮的位置有很大的学问，如果进行的是没有破坏性的操作，则确定性操作按钮在右边，而取消操作按钮在左边，这是因为右边的按钮不容易被拇指按到；如果进行的是破坏性操作（如删除等），则确定性操作按钮在左边，而取消操作按钮在右边。

（2）操作表。

使用警告不应该超过两个按钮，如果有更多的操作可以选择，则可以采用操作表。在 iPhone 中，操作表会从屏幕下方滑出。操作表中也有破坏性操作的考虑，红色的删除按钮是破坏性操作，它放置在最上面，如图 5-39 所示。

　　取消操作动作按钮应该在最下面。

在 iPad 中，操作表的显示并不是从屏幕下方滑出，而是出现在屏幕中央，如图 5-40 所示。需要注意的是，在 iPad 中取消操作按钮消失了，这是因为在这里取消操作是通过再次点击触发它的按钮实现的。

（3）分享列表。

在 iOS 6 之前，分享操作是由操作表实现的；在 iOS 6 之后，分享操作可以使用分享列表来实现，如图 5-41 所示为 iPhone 中的分享列表，它的出现形式与操作表类似，都是从屏幕下方滑出的；如图 5-42 所示为 iPad 中的分享列表，它应该在浮动层中出现。在 iPad 中使用分享列表时也没有取消按钮。

图 5-39　iPhone 中的操作表

图 5-40　iPad 中的操作表

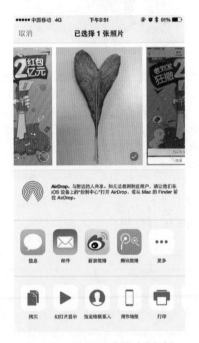

图 5-41　iPhone 中的分享列表

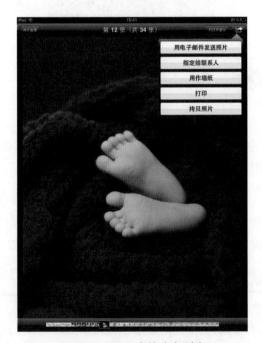

图 5-42　iPad 中的分享列表

5. Android 平台中的对话框和 Toast

在 Android 平台中，能够给用户提示的控件有两个：对话框和 Toast。

（1）对话框。

对话框的样式有很多种，可以根据自己的需要进行选择。可以不带标题，也可以带标题，它们的操作按钮个数是 1 ~ 3 个。如图 5-43 所示，有两个按钮的情况下确定性操作按钮在右边，而取消操作按钮在左边。在 Android 对话框中，内容有多重样式，可以是一般文本、列表控件或一般控件，在列表控件对话框中还可以有多选和单选等形式。

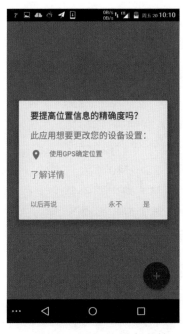

图 5-43　Android 中对话框的操作按钮样式

（2）Toast。

Android 提供了一种不需要用户交互的提示控件——Toast。Toast 没有任何按钮，它出现一会儿后会自动消失。如图 5-44 所示是添加联系人时退出页面的提示。

图 5-44　Android 中的 Toast

5.3　项目需求分析

在做项目之前项目需求分析是非常重要的，一般可以从以下几个方面着手：

> ➤ 支持设备分析：了解主要针对的设备的型号、屏幕大小、特殊手势等。如果以 iPhone 6 为主要支持设备，那么就需要了解视网膜技术，iPhone 6 需要尺寸 X2，iPhone 6 Plus 则需要尺寸 X3。

> ➤ 针对平台分析：了解产品针对的系统平台是什么、不同的系统平台各自的特点有哪些。

> ➤ 目标人群分析：对目标人群细分，并找准产品主要针对的目标对象的习惯及行为。例如在 12 ～ 45 岁这个年龄段的目标人群中，可以细分为 12 ～ 18 岁学生、18 ～ 25 岁在校大学生、22 ～ 40 岁女性白领、22 ～ 45 岁男性白领、家庭主妇等。并根据这个细分的人群找准主要的受众群体。我们将"在校大学生""女性白领"和"男性白领"这三类人群作为核心用户，原因在于，不管目标市场如何细分，其核心的需求无非有两个：一是社会交际和自我实现，二是这三类人群也是有时间和使用 App 较多的人群。

> ➤ 主要竞品分析：找出与之类似的产品，核心功能、布局、主要目标等的差异，并且从中提炼出精华。例如，对目前热门的 App 咕咚运动和 NIKE+ 进行分析，发现两者均适用于 Android 和 iOS 两大平台；两者同时具有数据报表功能，但咕咚运动略显繁杂，用户体验稍差；另外咕咚运动设有锻炼计划的功能，可以帮助用户定制适合自己的运动计划等。

> ➤ 主要功能分析：根据需求方提供的产品功能进行分析，并根据产品的定位、盈利模式等划分出功能优先级，重要的功能放置在界面中易点击的位置，次要的功能可根据实际情况设置隐藏。

5.4 移动应用常见的 Axure 交互原型设计技巧

参考视频
移动应用原型设计

我们知道使用 Axure 软件，能够在做出想象中的 App 产品之前就先体验和使用所设计的 App 产品。下面就来学习使用 Axure 软件制作常见手机 App 中的交互效果。

5.4.1 iPhone屏幕滑动效果

主要技能点：动态面板、向左滑动时、向右滑动时
案例预览效果：http://17u58k.axshare.com
这里主要讲解 iOS 中的横向滑动切换效果，以 iPhone 手机的桌面菜单切换为例。桌面菜单切换的效果是：手指横向向左滑动，桌面就向左切换；手指横向向右滑动，桌面就向右切换。

（1）创建一个项目，命名为"iPhone 横向滑动效果"。在默认的 Home 页中添加一个动态面板控件，尺寸 750X1334 像素，位置 X：0，Y：0，命名为 iPhoneScreen。为其添加两个状态，即分别要做的两个屏幕（屏幕 1 和屏幕 2），将两个状态依次命名

为 HomeScreen1 和 HomeScreen2，如图 5-45 所示。双击 HomeScreen1，在打开的
HomeScreen1 页面中加入屏幕 1 截图，并调整位置为 X：0，Y：0。再以同样的方式在
HomeScreen2 页面中加入屏幕 2 截图。

图 5-45　动态面板状态管理

动态面板最上方的状态为默认显示状态。

（2）设置完动态面板及其状态后回到 Home 页面，开始添加滑动的效果。选中动态
面板 iPhoneScreen，双击"部件交互和注释"区域中的"向左滑动时"事件，并为其新
增动作"设置面板状态"，在右侧"配置动作"区域选中动态面板 iPhoneScreen，在"选
择状态"下拉列表框中设置其选择状态为 Next，如图 5-46 所示。

图 5-46　"向左滑动时"事件的用例编辑器设置

（3）参照"向左滑动时"事件的设置方法添加"向右滑动时"事件，参数设置如图 5-47
所示。

图 5-47　"向右滑动时"事件的用例编辑器设置

（4）设置完毕后单击"确定"按钮。完成后"部件交互和注释"区域中的"向左滑动时"事件如图 5-48 所示。

图 5-48　"向左滑动时"事件

（5）按 F5 键预览原型。

5.4.2　在iPhone手机上预览原型

使用 Axure 软件生成的原型也可以在手机上预览，这也是 Axure 强大的功能之一。下面就来学习在 iPhone 手机上预览原型的方法。

（1）在 Axure 软件的菜单栏中单击"发布"→"预览选项"命令（快捷键为Ctrl+F5），如图 5-49 所示。

（2）弹出"预览选项"对话框，单击"配置"按钮，如图 5-50 所示。

（3）弹出如图 5-51 所示的对话框，在其中选择"手机/移动设备"，并按照图 5-52所示设置相应的参数。设置完毕后单击"确定"按钮返回 Axure 的主界面。

（4）在菜单栏中单击"发布"→"发布到 AxShare"命令（快捷键为 F6），在弹出的"发布到 AxShare"对话框中使用自己注册的 Axure Share 账号登录，其他参数使用默认设置，如图 5-53 所示。设置完毕后，单击"发布"按钮。

图 5-49 "发布"菜单中的"预览选项"命令

图 5-50 "预览选项"对话框

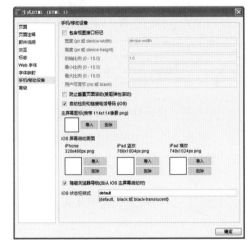

图 5-51 "生成 HTML"对话框

图 5-52 "生成 HTML"对话框中的参数设置

（5）发布成功后会弹出如图 5-54 所示的对话框，复制 URL 并使用浏览器打开，界面如图 5-55 所示。

图 5-53 "发布到 AxShare"对话框中的参数设置

图 5-54 "到 AxShare 发布中"对话框

（6）点击那个链接形的图标，打开如图 5-56 所示的窗口。

图 5-55　浏览器打开的视图　　　　　　　图 5-56　点击链接图标打开的窗口

（7）此处显示了当前页面在 AxShare 服务器上的地址。选中 without sitemap 单选项，因为不希望移动设备上显示页面地图，然后复制 http://17u58k.axshare.com/home.html 这个地址。

（8）在 iPhone 手机上使用 Safari 浏览器，输入刚才的地址，打开后的界面如图 5-57 所示。

（9）点击如图 5-58 所示的图标，将当前页面作为一个应用添加到桌面上，并在弹出的操作表中点击"添加到主屏幕"，如图 5-59 所示。

图 5-57　使用 Safari 浏览器打开的页面　　　　图 5-58　"添加到桌面"按钮

（10）单击如图 5-60 所示屏幕界面右上角的"添加"按钮，完成设置。

图 5-59　Safari 操作表

图 5-60　添加至主屏幕界面

该项目添加到 iPhone 桌面后，可以看到它像一个应用程序一样被添加到了桌面上。点击这个图标，就会发现页面像一个应用一样被打开。

5.4.3　微信的纵向滑动效果

主要技能点：拖动动态面板时、结束拖动动态面板时、获得当前控件的坐标值

案例预览效果：http://dsjr8v.axshare.com/#p=home

在微信中聊天记录和联系人两个界面都可以纵向滚动，下面我们就在 Axure 中模拟这种纵向滚动的效果。

（1）创建一个项目，命名为"微信的纵向滑动效果"，然后在默认的 Home 页中创建如图 5-61 所示的微信聊天记录界面。

（2）选中界面中的 7 条聊天记录并右击，在弹出的快捷菜单中选择"转换为动态面板"选项（如图 5-62 所示），并将动态面板命名为 Drag。

（3）双击"部件交互和注释"区域中的"拖动动态面板时"为 Drag 动态面板添加一个事件，用例编辑器设置如图 5-63 所示。

▶▶经验总结

　　这里希望在用户用手指拖拽这个聊天记录列表时列表能随着用户的手指进行移动，即列表沿着垂直方向 Y 移动，所以使用"拖动动态面板时"事件。

图 5-61 微信聊天记录界面

图 5-62 右键快捷菜单

图 5-63 "拖动动态面板时"事件的用例编辑器设置

（4）按 F5 键预览原型。此时我们会发现，虽然实现了界面的拖拽，但是由于把界面拖得过低，导致页面出现了断层，如图 5-64 所示。

（5）为 Drag 动态面板添加"结束拖放动态面板时"事件，在弹出的"用例编辑器"对话框中单击"新增条件"按钮，在弹出的"条件生成"对话框中选择"值"，再单击第二个输入框旁边的 fx 按钮，在弹出的"编辑文字"对话框中单击"插入变量、属性、函数或运算符"按钮，在弹出的下拉列表中选择 Y，如图 5-65 所示。

图 5-64　页面预览时出现了断层

图 5-65　为"结束拖放动态面板时"事件新增条件

▶▶ 经验总结

　　这里添加条件判断的原因是，我们需要在用户把列表移动得超出范围的时候把列表移动回来。也就是说当用户把列表的上部拖拽到开始时的坐标（X：0,Y：125）的下方的时候我们要把列表的坐标恢复到（X：0,Y：125）；当用户把列表底部拖拽到已经离开菜单栏顶部的时候（这个时候列表的顶部坐标已经在（X：0,Y：-355）位置了。这些坐标我们是如何知道的呢？在 Axure 中拖拽一下就可以看到了。当你把列表拖到底部跟菜单栏的顶部平齐的时候就会看到显示的坐标为（X：0,Y：-355））我们要把列表恢复到其底部紧贴菜单栏的顶部的位置，也就是（X：0,Y：-355）位置。

（6）返回"条件生成"对话框，设置如果 Y 轴的值大于 125，那么就把 Y 恢复到 125，设置参数如图 5-66 所示；如果 Y 轴的值小于 -355，那么就把 Y 恢复到 -355，设置参数如图 5-67 所示。

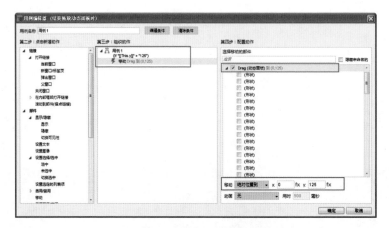

图 5-66　设置向下拖动的参数

图 5-67　设置向上拖动的参数

▶▶ 经验总结

　　这里介绍一下 This 参数的意思。This 代表了当前事件所属的那个控件。比如在这个例子中，"结束拖放动态面板时"事件属于 Drag 动态面板，所以 This 就代表了 Drag 动态面板。我们在这个参数中获得的 This.y 就代表了 Drag 动态面板在事件发生时刻的即时的 Y 坐标。

（7）按 F5 键进行预览，或者将做好的原型发布到 Axshare 服务器上，发布成功后我们得到如下地址：http://dsjr8v.axshare.com/#p=home。

注意　　读者自己发布的时候地址会不同，输入自己的Axure生成的地址查看即可。

5.4.4　应用程序的启动过渡界面

案例预览效果

主要技能点：页面载入时、等待、隐藏

案例预览效果：http://gtoq54.axshare.com

大部分应用程序在开启的时候都会有一个过渡界面。这个过渡界面会停留几秒，然后自动消失。制作这个效果十分简单，需要用到 Axure 中页面交互区中的"页面载入时"事件。下面就来完成这个效果。

（1）打开前面做的"微信的纵向滑动效果"，然后将微信的过渡画面添加到界面中，如图 5-68 所示。

图 5-68　添加微信过渡画面的界面

（2）在页面交互区域为微信过渡画面添加"页面载入时"事件，参数设置如图 5-69 所示。

图 5-69　"页面载入时"事件参数设置

经验总结

打开微信我们发现,这个星球的启动界面在 2 ～ 3 秒后淡出,因此要使用"页面载入时"这个事件。"页面载入时"事件会在程序运行后自动开始执行,无需任何事件介入。

(3)按 F5 键进行预览。

5.4.5 信息应用的删除效果

案例预览效果

主要技能点:向左滑动时、鼠标单击时
案例预览效果:http://1d6feg.axshare.com

在 iOS 中,针对一条信息滑动后可以出现更多操作的选项。这也是时下比较流行的应用交互效果。例如在 iOS 系统微信应用中,点击某一条聊天记录向左滑动可实现滑动删除。下面就来实现这个效果。

制作之前先来分析一下这个效果的原理。我们可以把每条信息都看作一个动态面板,每个动态面板下方都藏了一个"删除"矩形控件。当我们向左滑动信息时,就把动态面板向左移动,露出下面的"删除"矩形;然后在点击了信息的时候信息动态面板向右滑动,隐藏了"删除"矩形。如果点击了"删除"矩形,那么就把当前的动态面板隐藏,然后把下方所有的动态面板向上移动。

(1)在默认的 Home 页中创建微信聊天记录界面,然后把这 7 条信息分别转换为动态面板并命名,从上至下依次命名为:game、flight、quietly、Subscription、dream、bookdinner、lolita,如图 5-70 所示。

图 5-70　微信聊天记录界面

(2)再添加一个"删除"矩形并将它置于动态面板的下方,这样在默认状态下就不会看到这个"删除"矩形了。

(3)按照分析,我们需要给动态面板 game 添加"向左滑动时"和"鼠标单击时"事件。当向左滑动时将动态面板 game 向左移动 160 像素，让"删除"矩形露出来，设置参数如图 5-71 所示；再次点击动态面板 game 时，我们把动态面板 game 恢复到原位，设置参数如图 5-72 所示。

图 5-71 "向左滑动时"事件参数设置

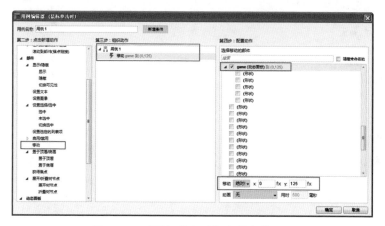

图 5-72 "鼠标单击时"事件参数设置

（4）为"删除"矩形添加"鼠标单击时"事件，点击"删除"矩形按钮，动态面板 game 隐藏，其余动态面板向上移动，如图 5-73 所示。

图 5-73 "鼠标单击时"事件参数设置

（5）按 F5 键进行预览。

 5.4.6 下拉缓冲效果

案例预览效果

主要技能点：向左滑动时、等待、隐藏

案例预览效果：http://1d6feg.axshare.com

在 iOS 中，很多列表型应用都采用了下拉缓冲的效果，下面就来学习这个效果的制作方法。

（1）在默认的 Home 页中创建微信聊天记录界面，然后将界面中的 7 条聊天记录转换为动态面板并命名为 Drag，如图 5-74 所示。

（2）在界面中创建矩形命名为 load，并输入文字"正在加载 ..."，如图 5-75 所示，然后将该矩形置于底层。

图 5-74　微信聊天记录界面

图 5-75　创建矩形后的界面

（3）为动态面板 Drag 添加"拖动动态面板时"事件，设置参数如图 5-76 所示。

图 5-76　"拖动动态面板时"事件参数设置

（4）按 F5 键进行预览。

本 章 总 结

交互效果的实现方法是多样的，现实中的项目需求也是千变万化的。希望大家在掌握 Axure 这个工具技巧之外，能够在项目中持续地投入自己的热情。毕竟工具永远是工具，不是说用了 Axure 你的产品立刻就变好了，而是要从产品的需求出发，合理设计界面交互以使用户可以更加方便、快捷、合理地使用你的产品。

学习笔记

本 章 作 业

选择题

1. 移动设备的3种按键为（　　）。
   A. 虚拟键、物理键、触摸键
   B. 开/关机键、音量调节键、播放键
   C. Home键、开/关机键、软键盘
   D. 物理键、左键、右键

2. 下列关于移动端应用手势的说法中正确的是（　　）。
   A. 横向滑动可以实现左右翻页功能
   B. 纵向滑动只能实现刷新功能
   C. 在iPad上五指抓可以快速关闭或退出当前应用
   D. 长按拖动可以实现对图标、标签、卡片的移动

3. iOS状态栏的高度为（　　）像素。
   A. 44   B. 20
   C. 98   D. 48

4. iOS界面中最小可点击区域的高度为（　　）像素。
   A. 44   B. 98
   C. 48   D. 96

5. 下列不属于iOS导航模式的是（　　）。
   A. 平铺导航   B. 标签导航
   C. 树形结构导航   D. 垂直导航

简答题

1. 简述iOS模态视图的特征。
2. 按照本章所给出的项目需求描述完成移动端运动社交项目的设计。

▶▶ **作业讨论区**

访问课工场 UI/UE 学院：kgc.cn/uiue（教材版块），欢迎在这里提交作业或提出问题，你将有机会跟课工场的专家以及共同学习本书的小伙伴一起探讨切磋！

第6章

Web端运动社交应用项目设计

● 本章目标

完成本章内容以后，您将：

▶ 了解Web端运动社交类应用项目需求。

▶ 熟悉Web端运动社交类应用项目需求分析方法。

▶ 掌握Axure流程图设计技巧、Axure线框图设计技巧和Axure Web应用原型设计技巧。

● 本章素材下载

▶ 请访问课工场UI/UE学院：kgc.cn/uiue
（教材版块）下载本章需要的案例素材。

▓▓ 本章简介

本章将使用 Axure RP 软件设计一个互联网 Web 端的应用，这里不但会涉及使用 Axure RP 软件设计页面交互的部分，还会对整个网站策划背后的思考、定位和构建进行一些讲解，实现的效果如图 6-1 所示。

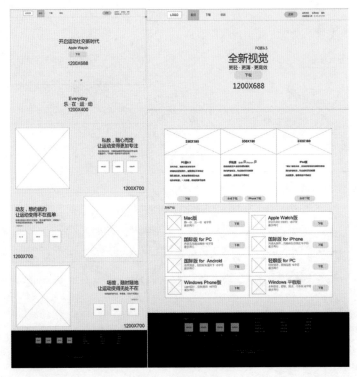

图 6-1　最终效果

6.1　项目需求概述

某互联网公司开发了一款新的互联网移动端应用，该应用是一款可以根据个体情况解决个人运动、健康方案的健康资源整合运动，能够提供线上约教练、约动友、约运动场馆等服务，并根据各人不同的身体状况给出个性化健康处方的社交平台。现需要为该应用设计一款匹配的 Web 端应用。

▽ 6.1.1　企业背景

宜欣互联：一家互联网企业，成立于 2010 年，专注于互联网社交类产品开发，并针对不同平台提供差异化的产品和服务；打造开放共赢平台，与合作伙伴共同营造健康的互联网生态环境。

6.1.2 支持平台

同时支持 PC 端和 MAC 端。

6.1.3 目标用户

主要集中在 12 ～ 45 岁人群。

6.1.4 主要功能

作为官方唯一指定网站，希望能够成为广大消费者的营销平台，同时通过网站内容的及时更新和丰富吸引浏览者的注意，提高点击率、浏览量、转化率（移动应用的下载），从而实现企业的营销目的。主要功能如下：

首页：提供产品功能展示。

下载：提供该产品的客户端下载（PC 版、手机版、Pad 版等）。

动态：提供专题动态、热门资讯推荐。

注意

各个页面风格要统一，无违和感，能够在各种分辨率下自如浏览。

6.1.5 宣传文字

➢ 私教，随心而定，让运动变得更加专注（无论何时何地，你都能自由享受各种运动专业的私教预约，与私教一起体验专业的训练）。

➢ 动友，想约就约，让运动变得不再孤单（即使世界很大你也不会孤单，朋友邀约技术，让和你一样热爱运动的他和她一起动起来）。

➢ 场馆，随时随地，让运动变得无处不在（贴心专业便捷的场馆预约，让无论身处何地的你都能因为运动而使生活别具一格）。

6.2 理论概要

由于我们的设计是针对 Web 的营销型应用，所以要经得起企业和用户的"考验"，不但要符合互联网的营销意识，还要兼顾视觉层次及整体美观。

6.2.1 营销型Web应用的特点

营销型 Web 应用，顾名思义就是指具备营销推广功能的 Web 应用，是企业根据自身的产品或服务，以实现某种特定营销目标而专门量身定制的网站，营销型企业网站将营销的思想、方法和技巧融入到网站策划、设计与制作中，从而实现用户登录后的完美转化。

在营销型 Web 应用中，要以营销为目的，帮助企业提高转化率，这就要求：

（1）视觉设计符合人性化的操作。

Web 应用不是艺术品，不能只图美观而忽视实用性，一定要清晰明了、方便用户浏览。

➤ 导航结构清晰明了：让用户一登录网站就知道这个网站是干什么的、提供什么产品和服务，用户点击一两次就可以找到需要的信息，并且方便和企业联系。

➤ 页面加载速度快：尽量页面不使用纯 Flash、避免过多花哨的装饰图片，营销关键是卖的感觉，要给用户以快感，页面尽量设计得清爽新颖。

（2）具有必备的营销工具。

网络营销是一种技术和营销策略相集合的营销手段，所以采用合理的网络营销工具可以很大程度上提高潜在用户的转化率。

➤ 在线客服系统：让潜在的用户在想咨询的时候不需要打电话、发 E-mail 就可以通过客服系统与企业进行沟通，缩短用户与企业之间的距离。

➤ 潜在用户跟踪系统：对潜在用户的跟踪可以大大提高用户的转化率。

6.2.2　Web应用设计规范

Web 应用设计有一些常用的字体和基本效果。中文字体多用宋体（消除锯齿方法：无）或微软雅黑（消除锯齿方法：平滑），通常使用 12 号或 14 号字。如图 6-2 所示，淘宝的全局导航使用的就是宋体（消除锯齿方法：无）和微软雅黑（消除锯齿方法：平滑）。

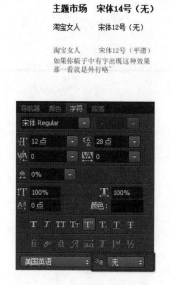

图 6-2　淘宝全局导航字体

关于字体的使用：对学习和练习时使用的字体，可以随意使用；如果用到真正的项目中，则要仔细询问客户对字体的要求，并及时告知客户一些特殊字体是需要付费的，以避免产生纠纷。

英文字体常使用 Arial，使用宋体会比较难看，如图 6-3 所示为使用 Arial 与宋体的对比。

宋体 Chinese
Arial Chinese

图 6-3　Arial 与宋体的对比

随着时代的发展，显示器的屏幕多种多样，屏幕到底要以多大尺寸为准进行设计呢？Web 应用设计时给出了常用的尺寸即 2560×1500 像素，分辨率为 72 像素。在 Photoshop 软件中常作如图 6-4 所示的设置。

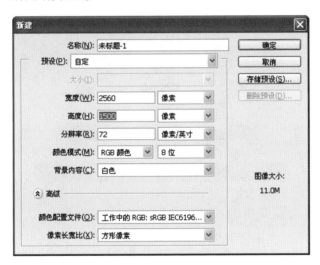

图 6-4　在 Photoshop 软件中的页面设置

页面的高度一般没有硬性规定，无特殊要求时可根据实际情况随时调整。

页面一般分内区和外区，内区指假设用户必定能看到的有效内容区域，外区指用户屏幕的空白区域。一般来说内区居中显示的尺寸为 1000px，随着宽屏的普及，开始有 1280px、1440px、1920px 和 2560px，如果遇到页面的内区居左或者居右，则再根据实际情况设计。

注意　有些公司的老总常用27英寸的苹果电脑看页面效果，因此需要2560px这样的尺寸。

如图 6-5 所示为内区居中显示的模板，以腾讯首页为例如图 6-6 所示，它的内区为

1000px,如果在 27 英寸的苹果电脑上浏览的时候它外区的留白会非常多。

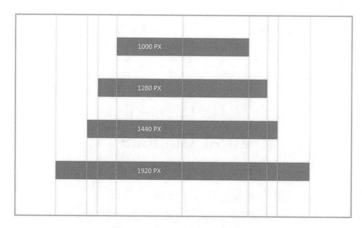

图 6-5　内区居中显示的模板

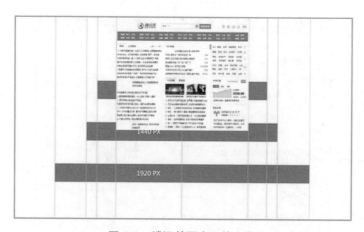

图 6-6　腾讯首页内区的大小

再如图 6-7 所示为 **LOL** 的页面,内区在 **1000px** 内,外背景扩展至 **1920px**,边缘用黑色的渐变填充,这样便于提高用户在多分辨率下浏览的快感。

图 6-7　LOL 页面内区的大小

6.3　项目需求分析

只有明确了自己服务的对象是谁，才能有的放矢地规划整个产品，才能在栏目划分、内容选择、页面设计等各个方面尽量做到合情合理，更多地吸引用户的眼球。对于这个运动社交 Web 应用而言，主要包含如图 6-8 所示的内容。

需求名称	需求描述
页头	提供首页、下载页、动态页的切换，同时提供主要功能（注册、登录、会员中心、安全中心等）的入口
页尾	提供主要平台版本的链接入口及常见的一些辅助信息，如版权信息等
首页	提供产品的功能展示和下载链接入口
下载	提供各种版本的功能下载
动态	精品专题推荐，包括视频、音视频会议、传输文件、兴趣社区等热门资讯推荐，提供登载在其他门户网站的新品发布、热门活动的新闻

图 6-8　主要包含内容

①在进行项目需求分析时还要着重分析竞品和用户，从中找到产品的亮点，提高产品的可用性。竞品分析的方法可以参考第2章竞品分析部分的内容。

②产品的原型设计不同于产品视觉设计，主要侧重于功能完整、流程顺畅，至于布局和视觉的美观则是由视觉设计来完成的，无须过多考虑。

6.3.1　页头页尾内容安排

页头部分一般都会放置很重要的信息，如网站 Logo、导航、搜索、第三方登录等。我们规划的页头内容如下：

➢ 网站 Logo
➢ 登录 / 注册的链接
➢ 主导航
➢ 副导航
➢ 在线人数信息

页尾部分一般会放置一些辅助信息，如公司介绍、友情链接、用户帮助等。我们规划的页尾内容如下：

➢ 热门产品下载
➢ 账号管理
➢ 用户帮助
➢ 友情链接
➢ 版权信息

6.3.2 首页

在首页中，我们选择一栏结构，这样更便于细致地进行产品展示，对于首页来说重点主要包含幻灯、网站分类、产品陈列等。我们规划的首页内容如下：

➢ 幻灯部分：三屏轮播，给用户一个比较不一样的、大气的产品展示。

➢ 产品展示：产品的个性功能展示，给用户一个比较详尽的产品功能介绍。

6.3.3 下载

下载页面中，采用分栏列表式结构，提供给用户更清晰的查找下载。我们规划的下载页面内容如下：

➢ 首屏：新版本产品的特色功能展示。

➢ 主流下载：移动端、PC 版、Pad 端。

➢ 其他版本下载：MAC 版、国际版、Android 版、iPhone 版等。

6.3.4 动态

动态页面，主要提供热门资讯和产品专题两大部分。

➢ 热门资讯：公司各种资讯新闻以及各大门户网站对产品的推广及评价。

➢ 产品专题：产品主要功能的细节图片展示及视频展示。

6.4 Axure 流程图设计技巧

一个细致的页面流程规划可以避免用户在使用中出现各种问题，也在整体产品设计时起着至关重要的作用。在 Axure RP 软件中使用流程图可以更加清楚直观地展现出整个产品的使用流程，包括用例、页面流程和业务流程等。

6.4.1 流程图概述

流程图 (task flow) 是指用图形语言的方式画出用户使用这个产品的方法和达到具体功能的步骤。通常会把产品的使用流程作为某些任务去完成，用语言描述出想要达到的目的，每一个步骤用一个节点来表示，用线和箭头指示出每个步骤的方向和所要到达的下一个步骤。流程图能够帮助设计师很好地了解产品的功能结构和用户的每一步操作。

流程图分为两类：一类是产品经理或技术人员在开发过程中使用的逻辑流程图（如图 6-9 所示为某产品手势密码设置流程图）；另一类是由产品设计或用户体验人员输出的页面流程图（如图 6-10 所示为某产品页面流程图）。

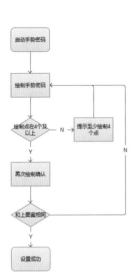

图 6-9　某产品手势密码设置流程图

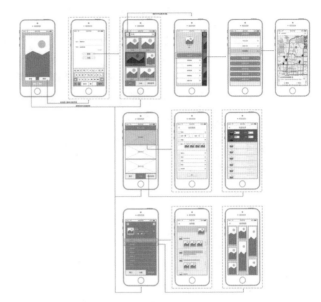

图 6-10　某产品页面流程图

　　流程图除了可以是用 Photoshop、Illustrator 等绘图工具实现的流程图之外，还可以是用 Flash、Catalyst 实现的带交互效果的流程图，也可以是用 Axure、Balsamiq 等原型工具实现的页面跳转逻辑流程图。

6.4.2　使用Axure 创建流程图

　　Axure 中流程图的部件与默认部件不同，它们在每一边都有连接点，用来匹配连接线。要查看流程图形状，则在部件面板的下拉列表中选择"流程图"。使用方法与默认部件库类似，可以直接拖动流程图部件到设计区域中，如图 6-11 所示。

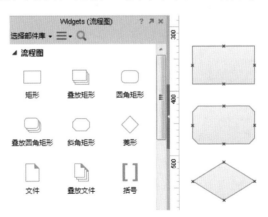

图 6-11　流程图部件

　　在给不同的流程图形状添加连接线之前，必须要将选择模式改变为连接模式。"连接模式"按钮就在工具栏中"选择模式"按钮的右侧，如图 6-12 所示。

图 6-12 "连接模式"按钮

要连接流程图中的不同形状，则将鼠标指向形状上的一个连接点并点击拖拽，当连接到另一个形状的连接点后松开鼠标；要改变连接线的箭头形状，则选中连接线并在工具栏中选择箭头形状，如图 6-13 所示。

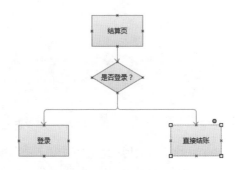

图 6-13 连接线

流程图是使用站点地图中的页面进行管理的。虽然并不要求必须将页面标记为流程图，但这样做有助于我们将其与其他页面区分开来。要将页面标记为流程图，则右击该页面，在弹出的快捷菜单中选择"图标类型"→"流程图"选项，该页面的小图标就变成了流程图的样式，如图 6-14 所示。

图 6-14 将页面标记为流程图

如果希望在绘制完流程图后点击流程图形后能够跳转到站点地图中的指定页面，则需要给流程形状添加参照页。如果改变了站点地图中页面的名字，那么流程形状上的文本也对应变化，这对流程图非常有帮助。点击流程形状会自动跳转到指定的参照页，无须再添加事件。

给流程形状指定参照页的方法：右击该形状并选择"参考页"，或者在部件属性面板中进行设置，然后在弹出的参照页对话框中选择对应的页面，单击"确定"按钮，如图 6-15

所示；还可以直接拖拽一个页面到设计区域，创建一个流程部件的引用页；或者用"部件属性和样式区域"添加参考页，如图 6-16 所示。

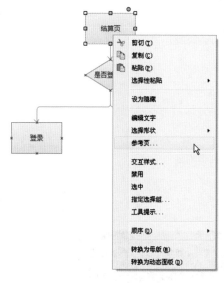

图 6-15　添加参考页

图 6-16　添加参考页

6.5　Axure 线框图设计技巧

　　线框图一般都是由产品经理来完成。这不一定是产品经理的具体工作，也就是说产品经理不一定要"亲手"制作线框图，有时候由设计人员协助完成。线框图绘制时可以不逼真，但是要确保如下内容：

> 颜色一般不用添加。如果需要，可以通过不同的灰度或者字体加深来对不同内容的重要性进行区分。比如在这个例子当中，我们把主导航用黑体进行了标注。

> 内容的位置可以不对，因为这个设计师会进行最后的布局和搭配，但是该有的内容一定要有——不要说"忘了搜索框"了。也就是说，我们一定以一个合适的方式把需求中需要的模块罗列在页面上。不要太纠结于布局，因为设计师是专家，他们会解决这个问题的。

> 整体尺寸和相对尺寸要准确。比如页面宽 960 像素，那么在线框图中任何一个部分都不能大于 960 像素。导航要在最上面，这个一般也不能随意变化。当然，如果有了特别好的主意，并且改变是有必要的，能够提供更好的用户体验，那么也可以打破常规。

> 分栏很重要。比如整个页面在横向上分为三栏的资讯类网站（如图 6-17 所示）、两栏的博客类网站（如图 6-18 所示）、五栏的电商类网站（如图 6-19 所示），这个一定要确定好。

图 6-17　三栏的资讯类网站

图 6-18　两栏的博客类网站

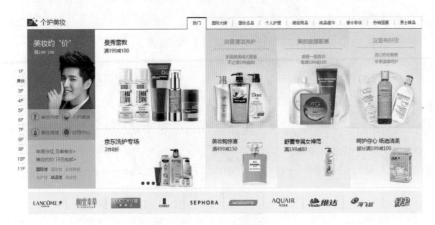

图 6-19　五栏的电商类网站

对于线框图而言，仅仅有标签、矩形、占位符这几个部件就够了。因为在这个时候，无需颜色的填充，也不需要对文字进行修饰，只需大体制作出基本的结构即可。

6.6 Axure Web 应用原型设计技巧

我们知道，使用 Axure 软件能够在做出想象中的产品之前就先体验和使用所设计的产品，下面就来学习如何使用 Axure 软件制作常见的 Web 应用交互效果。

6.6.1 顶部导航栏

主要技能点：母版、鼠标单击时、为用例添加条件
案例预览效果：http://gin18t.axshare.com
案例分析：导航有三个菜单，需要实现的效果为：

➢ 当将鼠标指针移入任何一个菜单时，顶部的灰色色块都会跟随着移动到对应的菜单上方，并且带有类似橡皮筋一样的弹动效果。

➢ 假设页面是首页，当鼠标指针移入"下载"或"动态"菜单时顶部的灰色色块跟随移动，但当鼠标移出导航条范围时灰色色块又回到了首页顶部。当点击其他菜单后也是一样。

➢ 当鼠标移入任一菜单时，该菜单中的文字颜色发生了变化。

➢ 当点击任一菜单后，页面内容相应地变化，并且顶部的灰色色块就停留在对应的菜单上方。

通过分析，结合我们学过的知识联想到，要实现这个效果只需用到全局变量，因为灰色色块的移动是随时变化的,而且在"首页""下载"和"动态"这三个页面都发生了变化：

（1）需要先创建一个全局变量,命名为 gray,以便记录当前是在哪个页面。当点击"首页"菜单时，就设置全局变量 gray 的值为 home；当点击"下载"菜单时，就设置全局变量 gray 的值为 xiazai；当点击"动态"菜单时，就设置全局变量 gray 的值为 dongtai。

（2）鼠标移入菜单时，还会触发移动灰色色块的交互，而且点击各个菜单后在当前窗口打开页面，在对应的页面载入时就需要添加条件进行判断，如果全局变量 gray 的值为 home 则打开"首页"页面，且灰色色块滑动到"首页"菜单底部；gray 的值为 xiazai 则打开"下载"页面，且灰色色块滑动到"下载"菜单底部;gray 的值为 dongtai 则打开"动态"页面，且灰色色块滑动到"动态"菜单底部。

（3）当鼠标移入不同的菜单时，灰色色块就移动到对应菜单的底部，使用"鼠标移入时"事件可以实现，而鼠标移出时就需要使用动态面板来触发并控制其坐标。

案例实现思路：

（1）创建一个项目，然后在默认的 Home 页中创建如图 6-20 所示的导航。

图 6-20　导航线框图

> 要为各页面及部件详细命名，并且名称不能出现重复，否则会影响交互效
> 果的实现。本案例中灰色滑块的名称为square_gray，站点地图中的命名如图6-21
> 所示。

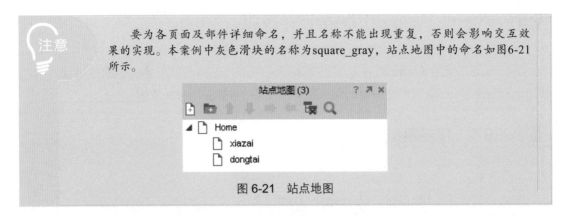

图 6-21　站点地图

（2）单击菜单栏中的"项目"→"全局变量"菜单项，如图 **6-22** 所示，在弹出的"全
局变量"对话框中添加全局变量 **gray**，如图 **6-23** 所示。

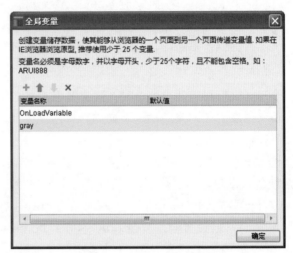

图 6-22　全局变量　　　　　图 6-23　"全局变量"对话框

经验总结

> Axure RP 中有两种变量：局部变量和全局变量，局部变量只在使用该局部变量的动作中有效，
> 在这个动作之外就无效了，因此局部变量不能与原型中其他动作里的函数一起使用；全局变量在整
> 个原型中都是有效的。在命名上，局部变量可以使用相同的名称，而全局变量不可以重名。

（3）选中导航中的标签控件"首页"，在"部件交互和注释"面板中为"鼠标单击时"
事件新增"设置变量值"动作，在右侧的配置动作中选中全局变量 **gray**，设置它的值为
home，如图 6-24 所示。

（4）继续新增动作"当前窗口"，在配置动作中选择 home 页面，如图 6-25 所示。

（5）选中"首页"的"鼠标单击时"事件，右击并选择"复制"选项（或者用快捷键
Ctrl+C 复制该事件中的所有用例），然后分别选中标签部件"下载"和"动态"，按 Ctrl+V
快捷键并修改用例中的动作，如图 6-26 所示。

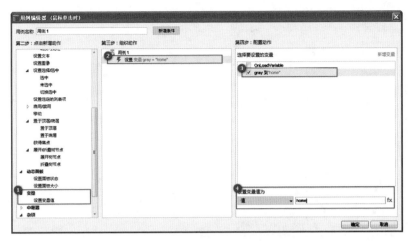

图 6-24 新增"设置变量值"动作

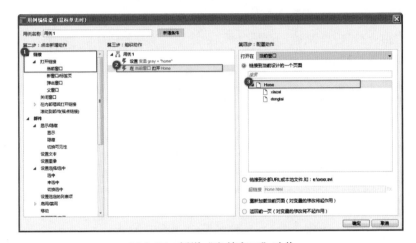

图 6-25 新增"当前窗口"动作

图 6-26 "首页""下载"和"动态"菜单的"鼠标单击时"事件

（6）选中导航中的所有部件并右击，在弹出的快捷菜单中选择"转换为动态面板"选项，将其命名为 navigator；选中 navigator 动态面板并转换为母版，将其命名为 nav 并设置拖放行为"锁定母版位置"。

（7）选中标签部件"首页"，在"部件交互和注释"面板中为"鼠标移入时"事件新增"移动"动作，在右侧配置动作中选中灰色色块 square_gray 并将其移动到绝对位置（292,0），动画效果为"橡皮筋"，用时"300 毫秒"，如图 6-27 所示。

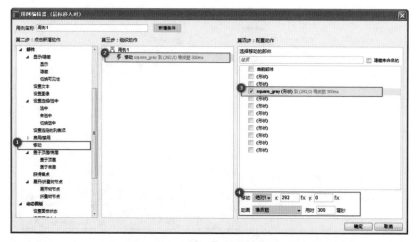

图 6-27　新增"移动"动作

（8）将"首页"的"鼠标移入时"事件中的"移动"动作复制给"下载"和"动态"，并修改动作的相应参数，其中"下载"移动到绝对位置（397,0），"动态"移动到绝对位置（503,0），如图 6-28 所示。

图 6-28　"首页""下载"和"动态"菜单的"鼠标移入时"事件

（9）选择动态面板 nav，在"部件交互和注释"面板中为"鼠标移出时"事件添加条件，在"用例编辑器"对话框中单击"新增条件"按钮，设置变量值：gray=home，如图 6-29 所示。

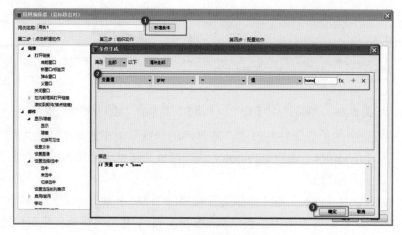

图 6-29　为事件添加条件

（10）关闭"条件生成"对话框，在"用例编辑器"对话框中新增动作"移动"，在右侧配置动作中勾选 square_gray 到绝对位置（292,0），动画效果为"橡皮筋"，用时"300毫秒"，如图 6-30 所示。

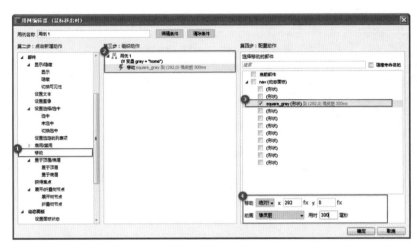

图 6-30 设置动作

（11）选中刚刚创建的用例，复制粘贴两次，并对其进行修改：当变量 gray=xiazai 时，移动灰色色块到绝对位置（397,0）；当变量 gray=dongtai 时，移动灰色色块到绝对位置（503,0）；动画效果和用时不变，如图 6-31 所示。

（12）回到 home 页中，在页面交互面板中为"页面载入时"事件添加"移动"动作，具体设置如图 6-32 所示。

图 6-31 为变量值添加条件

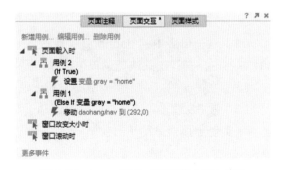

图 6-32 home 页的"页面载入时"事件

（13）在站点地图中双击 xiazai 页面，将母版中的 daohang 母版拖到页面中，然后回到 home 页面中并选中"页面载入时"事件，复制用例 1、2 并粘贴到 xiazai 页面中，如图 6-33 所示。

（14）dongtai 页面的操作步骤和方法同步骤（13），如图 6-34 所示。

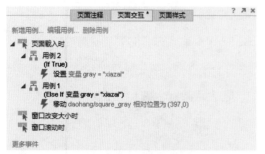

图 6-33　xiazai 页的"页面载入时"事件　　　图 6-34　dongtai 页的"页面载入时"事件

（15）按 F5 键预览完成的交互效果。

经验总结

　　在这个顶部导航案例中，使用了"页面载入时"事件进行条件判断，当然也可以在页面载入时直接输入 square_gray 到相应的坐标位置。其实 Axure RP 的很多交互的实现方法都不止一种，在学习过程中可以尝试使用各种不同的方法来实现所要达到的交互效果，以便发现最简单可行的方法。

6.6.2　顶部导航吸附

主要技能点：固定到浏览器、窗口滚动事件、为用例添加条件
案例预览效果：http://2mbzbl.axshare.com
案例分析：顶部导航吸附有两种常见的状态：

案例预览效果

➢　页面向下滚动过程中导航始终悬浮在屏幕的顶部。

➢　当页面滚动超出首屏高度后，导航悬浮在屏幕的顶部；当页面滚动回到首屏的任意高度时，导航自动回到页面顶部。

案例实现思路：

（1）双击母版中的 daohang 母版进入 daohang 母版的编辑状态，然后选中动态面板 nav 并右击，在弹出的快捷菜单中选择"固定到浏览器"选项，如图 6-35 所示。

（2）在弹出的"固定到浏览器"对话框中进行如图 6-36 所示的参数设置。

（3）按 F5 键，实现了页面向下滚动过程中导航始终悬浮在屏幕的顶部这一交互动效。接下来实现当页面滚动超出首屏高度后导航悬浮在屏幕的顶部（这里假设首屏高度为 700 像素）。

（4）在页面交互区选择"窗口滚动时"事件，设置当窗口滚动值大于 700 像素时（条件设置如图 6-37 所示）显示 nav 动态面板，并将其置于顶层，如图 6-38 所示。

图 6-35　右键快捷菜单

图 6-36　"固定到浏览器"对话框中的参数设置

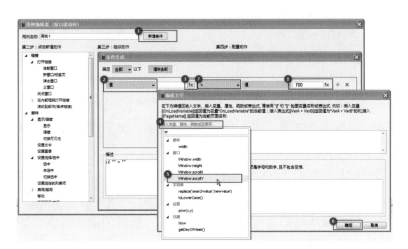

图 6-37　"窗口滚动时"事件的条件设置

图 6-38　显示 nav 动态面板

（5）为页面交互区的"窗口滚动时"事件添加"隐藏"动效，如图 6-38 所示。

（6）按 F5 键预览，发现当页面滚动到顶部时原有的导航隐藏了，这时需要复制一个 nav 动态面板，删除"窗口滚动时"事件并置于底层，同时取消对"固定到浏览器"的选择。这时再按 F5 键预览，完美地实现了顶部导航吸附交互效果。

6.6.3 幻灯轮播

主要技能点：动态面板、鼠标移入时、鼠标移出时

案例分析：

（1）页面载入后（鼠标不要移动到轮播图上面），第一张广告图像会等待 5 秒后开始轮播。

（2）广告图片切换时呈现淡入淡出的效果。

（3）轮播广告下面的小圆点会与大广告图同时改变，当大广告图是第一张时，第一个小圆点是实心的，其他为空心，依此类推。

（4）当鼠标指针停放到轮播广告范围内时，广告的轮播就停止了。

使用 Axure 的语言描述即为：

（1）将 3 张广告放在动态面板的 3 个不同的状态里，然后依照同样的方法创建动态面板状态指示器，在不同的状态面板中分别放入 3 个小圆点，状态 1 中第一个小圆点实心，其他两个空心；状态 2 中第二个小圆点实心，其他两个空心；状态 3 中第三个小圆点实心，其他两个空心。

（2）当 home 页面载入时等待 5 秒，然后设置图片轮播的动态面板和小圆点的动态面板进入 next 循环，循环间隔为 5 秒。

（3）当鼠标移入图片轮播动态面板时就设置这两个动态面板停止循环；当鼠标移出轮播广告动态面板时等待 5 秒，然后继续设置图片轮播动态面板和小圆点动态面板进入 next 循环。

案例实现思路：轮播图的基本实现步骤可以参照 Axure 基础轮播图制作。下面来实现鼠标悬停轮播停止、移出后继续轮播的交互效果。这里我们将轮播图中大广告图的动态面板命名为 Slider，小圆点的动态面板命名为 Slider_nav。

（1）选中动态面板 Slider，为"鼠标移入时"事件添加"设置动态面板状态"动效，如图 6-39 所示。

（2）选中动态面板 Slider，为"鼠标移出时"事件添加"等待"动效，设置"等待时间"为 5000 毫秒，如图 6-40 所示；继续添加"设置动态面板状态"动效，如图 6-41 所示。

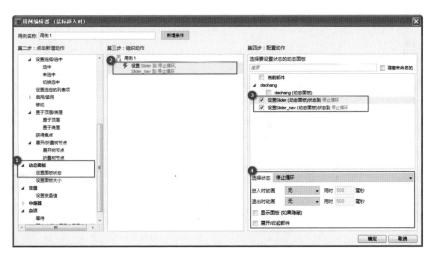

图 6-39 "鼠标移入时"事件

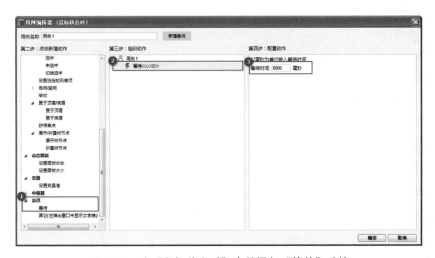

图 6-40 为"鼠标移出时"事件添加"等待"动效

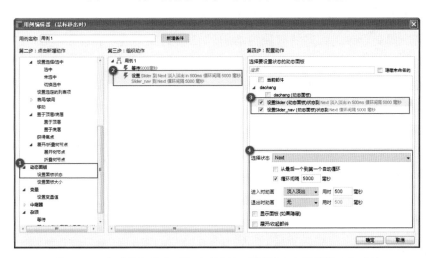

图 6-41 为"鼠标移出时"事件添加"设置动态面板状态"动效

（3）按 F5 键预览轮播效果。

▶▶ 经验总结

　　通常我们也会看到很多轮播图有当用鼠标单击它时可以切换到下一张广告的效果，这可以通过如图 6-42 所示的"鼠标单击时"事件来实现。

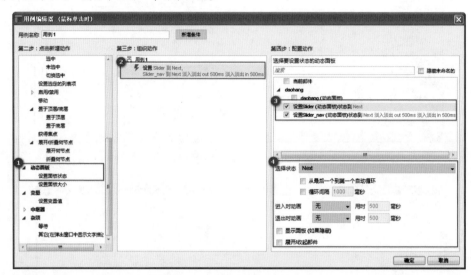

图 6-42　"鼠标单击时"事件

6.6.4　登录注册

　　主要技能点：动态面板、获得焦点时、为用例添加条件

　　案例分析：用户注册是很常见的，一般注册步骤包括：

　　（1）用户按照提示填写表单。

　　（2）用户填写过程中动态提示用户是否输入了内容，如果没有，提示用户。

　　（3）用户提交表单，如果所有项目均填写正确则提交成功，否则提示用户哪些项目出错。

　　（4）用户成功提交表单或者取消表单。

　　在用户填写过程中，常见的验证方式有如下几个：

　　➤　用户是否在注册的用户名或 ID 中使用了非法字符。

　　➤　用户是否输入了内容。

　　➤　两次输入的密码是否一致。

　　➤　是否为合格的注册信息（E-mail 地址或电话号码）。

　　➤　长度是否符合字符要求（通常 6 ～ 12 字符之间）。

　　案例实现思路：

　　先来制作如图 6-43 所示的表单布局。

图 6-43 注册表单布局

经验总结

①以手机号输入框为例，主要使用了占位符、文本框（单行）、矩形、标签 4 个部件，如图 6-44 所示。

图 6-44 手机输入框所应用的部件

②隐藏文本框（单行）外边框的方法为：选中文本框（单行）部件并右击，在弹出的快捷菜单中选择"隐藏边框"选项，如图 6-45 所示。

图 6-45 隐藏边框

再来处理输入框。一般来说，在大多数的注册场景中，当一个文本框（单行）部件获得了焦点后，它的边框一般都会被高亮显示，然后当输入内容不相匹配时右侧会提示用户要输入什么。而一旦输入框失去了焦点，高亮显示就会消失，右侧会提示用户要输入什么。

（1）选中如图 6-46 所示除文本框（单行）部件外（命名为 My_PN）的输入框，将其转换为动态面板并命名为 PN_input field，将状态 1 命名为 default。

图 6-46　输入框设置

（2）复制状态 default，改名为 OnFocus，状态 OnFocus 如图 6-47 所示。

图 6-47　状态 OnFocus

（3）复制状态 default，改名为 LostFocus，状态 LostFocus 如图 6-48 所示，动态面板命令 PN_input field 的状态如图 6-49 所示。

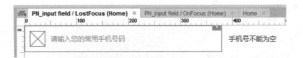

图 6-48　状态 LostFocus

图 6-49　动态面板命令 PN_input field 的状态

▶▶ 经验总结

　　默认情况下，动态面板最上面的状态为默认显示状态，输入框应该是正常的边框，而且没有文字提示，因此需要一个独立的 default 状态，且置于最上方。

（4）选中文本框（单行）My_PN，为其添加"获得焦点时"事件，如图 6-50 所示；再为文本框（单行）My_PN 添加"失去焦点时"事件，如图 6-51 所示。

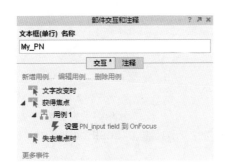

图 6-50 "获得焦点时"事件

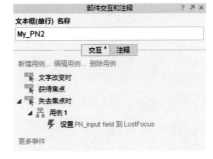

图 6-51 "失去焦点时"事件

（5）按 F5 键预览，已经完成了简单输入框的交互效果。

> 经验总结

在输入框处理上，我们选择去除了输入框本身的边框，然后用一个动态面板部件放置边框，并且位于输入框的下方。这样，用户鼠标单击输入框时下方的边框就会显示出自定义的颜色，而不是 Axure RP 软件默认的高亮显示颜色。

下面来处理这个输入框的判断验证，这里需要验证的内容如下：

➢ 用户如果没有输入任何内容，则提示"手机号不能为空"。

➢ 手机号码长度必须为 11 个字符，如果不是则提示用户"手机号格式不正确"。

➢ 用户输入正确的手机号码则提示√。

在对一个部件的有效性进行验证的时候，要把验证的事件放在部件的"失去焦点时"事件中。因为只有部件失去焦点的时候才是用户结束输入的时候，这个时候才能去验证用户的输入。

（1）重新处理动态面板 PN_input field 的各个状态，如图 6-52 所示。

图 6-52 调整动态面板 PN_input field 的各个状态

（2）双击 LostFocusOK 状态，在输入框的后面添加一个绿色的√，如图 6-53 所示。

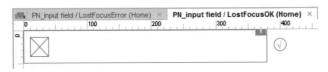

图 6-53　"LostFocusOK"状态

（3）将前面的"鼠标移出时"事件删除，然后为其添加条件（如图 6-54 所示），当部件（My_PN）中的文字为空时提示"手机号不能为空"（切换到 LostFocusError 状态），如图 6-55 所示。

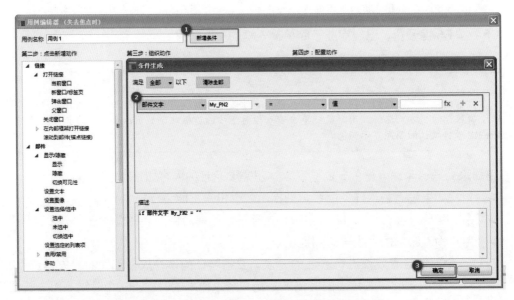

图 6-54　LostFocusError 状态的鼠标移出时条件

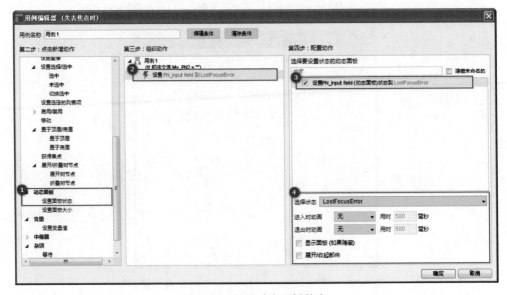

图 6-55　设置动态面板状态

完成后"部件交互与注释"面板如图 6-56 所示。

图 6-56　"部件交互与注释"面板

（4）按 F5 键，实现了当输入框不输入任何内容离开时就会提示"手机号不能为空"。但是当输入框中的内容不符合要求（即手机号码长度不是 11 个字符时提示用户"手机号格式不正确"）的时候，还需要切换到一个新的 LostFocusError 状态才可以。这里我们用现有的 LostFocusError 状态，只是通过文本框（单行）这个部件的值来实现两种错误提示的交互效果。

（5）双击 LostFocusError 状态，将输入框后面标签部件中的文字删除，如图 6-57 所示。

图 6-57　LostFocusError 状态

（6）继续为"鼠标移出时"事件添加"设置文本"动作，如图 6-58 所示。

图 6-58　添加动作

（7）处理第二个认证，即手机号码长度不是 11 个字符时提示用户"手机号格式不正确"。为"鼠标移出时"事件添加另外一个用例，如图 6-59 所示。

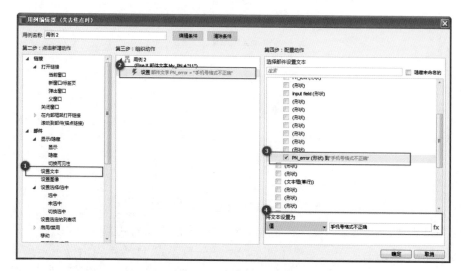

图 6-59 "鼠标移出时"用例 2

完成后"部件交互与注释"面板如图 6-60 所示。

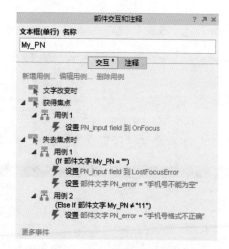

图 6-60 "部件交互与注释"面板

经验总结

用例 2 的条件前面出现了一个 Else if 前缀，说明这个用例是在之前的用例没有发生的条件下才发生的。

（8）添加第三个判断，当输入正确的手机号码时切换到 LostFocusOK 状态。

以上设置只是举一个例子，其实并不能百分之百地判断用户输入的一定是一个有效的手机号码，规范的做法应该是使用正规的表达式来进行判定。

实 战 案 例

实战案例 1——验证密码

🔲 描述需求

密码验证时，需要验证是否为空，同时要保证输入框中的密码长度是 6 ～ 12 位的。密码不一定非要是字母和数字，这里可以用更多的形式。

🔲 技能要点

鼠标移出时、为用例添加条件

🔲 实现思路

➤ "鼠标移出时"事件的条件 1：设置密码为空时出现提示。

➤ "鼠标移出时"事件的条件 2：设置密码长度小于 6 位时出现提示。

➤ "鼠标移出时"事件的条件 3：设置密码长度大于 12 位时出现提示。

➤ "鼠标移出时"事件的条件 4：设置密码未满足数字、字母条件时出现提示。

🔲 难点提示

➤ 各部件名称不要重复，避免造成交互效果发生错误。

➤ "鼠标移出时"事件的条件这里可以选择"任意"，即满足条件中的一点即可；如果需要同时满足则需要选择"全部"。

➤ 在进行密码是数字、字母的判定时，条件设置可以按图 6-61 所示进行选择。

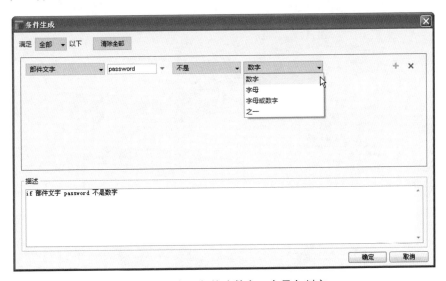

图 6-61　密码条件（数字、字母）判定

实战案例 2——再次验证密码

描述需求

再次进行密码验证时，需要和设定密码时的内容相同，如果不同则出现提示。

技能要点

鼠标移出时、为用例添加条件

实现思路

➤ "鼠标移出时"事件的条件 1：设置密码为空时出现提示。

➤ "鼠标移出时"事件的条件 2：所填写的内容与第一次填写不一致时出现提示。

难点提示

需要和设定密码时的内容相同，这样才能实现两次输入密码的效果。

本 章 总 结

⧄　一个完整的网站项目，从最初的项目需求概述、分析到项目设计规划以及最终的项目实现都需要有缜密的逻辑，而在整个项目设计初期原型的设计则显得尤为重要。

⧄　进行原型开发，除了具备不断创新的意识外，还应有必要的积累，并且在进行原型开发时应在条件许可的条件下做到更加严谨、细心和友好；然后结合实际业务需求和系统实际应用设计出适合于项目的原型，并在此基础上不断优化、完善和提高。

⧄　Axure 交互原型的制作方法有很多种，在日常学习和积累过程中可以多加尝试，以便寻求最优的解决方案。

参考视频
社交类网站 Axure 交互
原型设计（1）

参考视频
社交类网站 Axure 交互
原型设计（2）

参考视频
社交类网站 Axure 交互
原型设计（3）

参考视频
社交类网站 Axure 交互
原型设计（4）

学习笔记

本 章 作 业

选择题

1. 下列关于Web应用设计规范的描述中正确的是（　　）。

   A. 页面宽度设计没有具体的规范，想设计多大就设计多大

   B. 可以根据界面的需要使用任意字体

   C. 界面中主要的内容要集中在宽度1000PX以内，高度无具体限制

   D. 在界面中为了用户阅读方便，通常使用18号字

2. 下列选项中不属于Web应用页头部分常见内容的是（　　）。

   A. 网站Logo　　　　B. 导航　　　　　　C. 登录/注册　　　　D. 版权信息

3. 下列说法中，关于线框图描述不正确的是（　　）。

   A. 要确保线框图整体尺寸和相对尺寸准确

   B. 要注意分栏，资讯类多分三栏，博客类分两栏，电商类分五栏

   C. 内容位置在画线框图时一定要准确，不可有任何马虎

   D. 颜色和参考图片一般不需要添加

4. Axure RP软件中的变量包括（　　）。

   A. 全局变量和交互变量　　　　　　　　B. 全局变量和局部变量

   C. 导航变量和条件变量　　　　　　　　D. 局部变量和事件变量

5. 下列关于Axure RP中的母版描述正确的是（　　）。

   A. 母版的拖放行为包括任何位置、锁定到母版中的位置、从母版中脱离

   B. 母版不可随意修改

   C. 母版只能在一个页面中进行操作

   D. 页面中不需要母版

简答题

1. 简述Web端应用设计需要的注意事项。

2. 按照本章给出的项目需求描述完成Web端运动社交类项目的设计。

▶▶ **作业讨论区**

访问课工场 UI/UE 学院：kgc.cn/uiue（教材版块），欢迎在这里提交作业或提出问题，你将有机会跟课工场的专家以及共同学习本书的小伙伴一起探讨切磋！